普通高等教育"十三五"规划教材

 服务外包产教融合系列教材

主编 迟云平 副主编 宁佳英

信息技术应用实训教程

● 主 编 李舟明

华南理工大学出版社
SOUTH CHINA UNIVERSITY OF TECHNOLOGY PRESS

·广州·

图书在版编目(CIP)数据

信息技术应用实训教程/李舟明主编 . —广州：华南理工大学出版社，2017.8
(2020.7 重印)

（服务外包产教融合系列教材/迟云平主编）
ISBN 978 – 7 – 5623 – 5314 – 0

Ⅰ.①信…　Ⅱ.①李…　Ⅲ.①电子计算机 – 教材　Ⅳ.①TP3

中国版本图书馆 CIP 数据核字(2017)第 136834 号

信息技术应用实训教程

李舟明　主编

出 版 人：卢家明

出版发行：华南理工大学出版社

　　　　　（广州五山华南理工大学 17 号楼，邮编 510640）

　　　　　http：//www. scutpress. com. cn　E-mail：scutc13@ scut. edu. cn

　　　　　营销部电话：020 – 87113487　87111048 （传真）

总 策 划：卢家明　潘宜玲

执行策划：詹志青

责任编辑：张　颖

印 刷 者：佛山市浩文彩色印刷有限公司

开　　本：787mm×1092mm　1/16　印张：14　字数：341 千

版　　次：2017 年 8 月第 1 版　2020 年 7 月第 4 次印刷

印　　数：5 001 ～ 6 000 册

定　　价：32.00 元

"服务外包产教融合系列教材"
编审委员会

总　序

　　发展服务外包，有利于提升我国服务业的技术水平、服务水平，推动出口贸易和服务业的国际化，促进国内现代服务业的发展。在国家和各地方政府的大力支持下，我国服务外包产业经过 10 年快速发展，规模日益扩大，领域逐步拓宽，已经成为中国经济新增长的新引擎、开放型经济的新亮点、结构优化的新标志、绿色共享发展的新动能、信息技术与制造业深度整合的新平台、高学历人才集聚的新产业，基于互联网、物联网、云计算、大数据等一系列新技术的新型商业模式应运而生，服务外包企业的国际竞争力不断提升，逐步进入国际产业链和价值链的高端。服务外包产业以极高的孵化、融合功能，助力我国航天服务、轨道交通、航运、医药、医疗、金融、智慧健康、云生态、智能制造、电商等众多领域的不断创新，通过重组价值链、优化资源配置降低了成本并增强了企业核心竞争力，更好地满足了国家"保增长、扩内需、调结构、促就业"的战略需要。

　　创新是服务外包发展的核心动力。我国传统产业转型升级，一定要通过新技术、新商业模式和新组织架构来实现，这为服务外包产业释放出更为广阔的发展空间。目前，"众包"方式已被普遍运用，以重塑传统的发包/接包关系，战略合作与协作网络平台作用凸显，从而促使服务外包行业人员的从业方式发生了显著变化，特别是中高端人才和专业人士更需要在人才共享平台上根据项目进行有效整合。从发展趋势看，服务外包企业未来的竞争将是资源整合能力的竞争，谁能最大限度地整合各类资源，谁就能在未来的竞争中脱颖而出。

　　广州大学华软软件学院是我国华南地区最早介入服务外包人才培养的高等院校，也是广东省和广州市首批认证的服务外包人才培养基地，还是我国服务外包人才培养示范机构。该院历年毕业生进入服务外包企业从业平均比例高达 66.3% 以上，并且获得业界高度认同。常务副院长迟云平获评 2015 年度服务外包杰出贡献人物。该院组织了近百名具有丰富教学实践经验的一线教师，历时一年多，认真负责地编写了软件、网络、游戏、数码、管理、财务等专业的服务外包系列教材 30 余种，将对各行业发展具有引领作用的服务外包相关知识引入大学学历教育，着力培养学生对产业发展、技术创新、模式创新和产业融合发展的立体视角，同时具有一定的国际视野。

当前，我国正在大力推动"一带一路"建设和创新创业教育。广州大学华软软件学院抓住这一历史性机遇，与国家发展和改革委员会国际合作中心合作成立创新创业学院和服务外包研究院，共建国际合作示范院校。这充分反映了华软软件学院领导层对教育与产业结合的深刻把握，对人才培养与产业促进的高度理解，并愿意不遗余力地付出。我相信这样一套探讨服务外包产教融合的系列教材，一定会受到相关政策制定者和学术研究者的欢迎与重视。

借此，谨祝愿广州大学华软软件学院在国际化服务外包人才培养的路上越走越好！

国家发展和改革委员会国际合作中心主任

2017 年 1 月 25 日于北京

前　言

目前，全国各大、中专院校都把"计算机文化/信息技术"作为公共必修课，课程的覆盖面非常大。随着计算机技术、网络技术的快速发展，"大学计算机基础"课程教学改革面临着前所未有的机遇和挑战。尽管中小学开设了信息技术课程，但来自不同地区的学生的计算机技能水平仍存在很大差异，而且高等学校学科种类很多，多学科对计算机应用能力的要求也不尽相同。

在此情况下，我们根据多年的教学经验和现代教育理念，尝试性地对"计算机文化/信息技术"课程的内容作了大幅度的修改。整个课程按照大学生应该掌握的计算机基本技能和知识面，采用案例驱动的方式，让学生在实践过程中掌握计算机的基础知识和基本应用技能。几年来的教学实践收到了良好的效果。

本书是根据教育部高等教育司制定的高等学校大学计算机教学基本要求，以及全国计算机一级考试大纲的要求，结合作者多年的教学实践经验编写而成的。书中充分考虑了当前信息技术和计算机发展的新情况、新特征，重点突出知识性、实用性和可操作性，依据注重基础、突出应用的指导思想，通过详细的实训操作来介绍基础知识，培养相关技能。内容的选取侧重于培养学生实际使用计算机的能力。

本书采用案例驱动方式，每一章都安排具体实训项目，每个实训项目介绍一个应用，使非计算机专业的学生通过对数据库基础的学习，了解数据库，熟悉数据库。还能通过对多媒体技术的学习，了解图、文、声、像的基本处理技术。通过本书的学习，能够掌握有关信息技术的各种基础应用。本书可满足高等院校学生掌握信息技术和计算机基本操作技能的需要。

本书在编写过程中注重以下几点：

1. 信息和计算机的知识构成以及应用技能的培养。

2. 信息和计算机的知识面力求全面与新颖实用。

3. 通过案例的完成促使学生思考问题、解决问题，培养学生的动手能力。

4. 培养学生具备通过互联网获取信息、分析信息、利用信息的能力。

5. 培养学生掌握对信息中的图、文、声、像进行基本操作的能力。

本书实验内容涉及的知识面广，体现了循序渐进、由浅入深的思想和理念，适合分级教学，以满足不同学时、不同基础读者的学习需求。在教学实践中，教师可根据学时数和学生的基础来选择内容，读者可依据自身的兴趣和学习需求选择实训内容进行自主学习。

本书由李舟明主编，参加编写的还有周化、叶小艳、向雄等。全书由李舟明审定。本书在编写过程中，参阅了国内外大量的文献，由于篇幅所限，未能一一列举，在此向所有文献资料的提供者表示衷心的感谢。

目前信息技术发展日新月异，书中难免有不妥之处，恳请各位同行指正。

李舟明

2017 年 5 月

目　录

第一篇　信息技术与计算机

第二篇　互联网应用技术

第五篇　多媒体技术

第一篇　信息技术与计算机

1 信息技术基础知识

随着信息技术的飞速发展和社会竞争的日趋激烈，特别是信息化进程的不断推进，信息管理活动日渐活跃，各种各样的信息管理系统应运而生。计算机与信息技术的基础知识已成为人们必须掌握的基本技能，无论是信息的获取和存储，还是信息的加工、传输和发布，均需通过计算机及其网络进行处理。

1.1 信息的定义与特点

人类自从进入文明社会以来，利用大脑存储信息，使用语言交流和传播信息，人类的信息活动从具体到抽象，使人同动物彻底区分开来。文字的产生和使用可以记载、传递以及交流信息，纸张和印刷术成为信息记载和传递的载体，电报、电话、广播和电视的发明和普及对信息的传播起到了极大的作用，大大缩小了人们交流信息的时空界限。

1.1.1 信息与数据

信息与人们的日常生活息息相关。在现代信息技术日新月异、社会高度信息化的今天，我们的生活、学习和工作无不与信息活动相关。我们每天都在接收信息、传递信息和处理信息。

1.1.1.1 信息

信息指音讯、消息、通信系统传输和处理的对象，泛指人类社会传播的一切内容。人通过获得、识别自然界和社会的不同信息来区别不同事物，得以认识和改造世界。在一切通信和控制系统中，信息是一种普遍联系的形式。1948 年，数学家香农在题为"通讯的数学理论"的论文中指出："信息是用来消除随机不定性的东西"。创建一切宇宙万物的最基本万能单位是信息。

1.1.1.2 数据

数据是指对客观事件进行记录并可以鉴别的符号，是对客观事物的性质、状态以及相互关系等进行记载的物理符号或这些物理符号的组合。它是可识别的、抽象的符号。

它不仅指狭义上的数字，也可以是具有一定意义的文字、字母、数字符号的组合，以及图形、图像、视频、音频等，还可以是客观事物的属性、数量、位置及其相互关系的抽象表示。例如，"0、1、2…""阴、雨、下降、气温""学生的档案记录、货物的运输情况"等都是数据。数据经过加工后就成为信息。

在计算机科学中，数据是指所有能输入到计算机并被计算机程序处理的符号的介质的总称，是用于输入电子计算机进行处理，具有一定意义的数字、字母、符号和模拟量等的通称。现在计算机存储和处理的对象十分广泛，表示这些对象的数据也随之变得越来越复杂。

1.1.1.3　信息和数据的关系

信息与数据既有联系，又有区别。数据是信息的表现形式和载体，可以是符号、文字、数字、语音、图像、视频等。而信息是数据的内涵，信息是加载于数据之上，对数据作具有含义的解释。数据和信息是不可分离的，信息依赖数据来表达，数据则生动具体地表达出信息。数据是符号，是物理性的；信息是对数据进行加工处理之后所得到的并对决策产生影响的数据，是逻辑性和观念性的。数据是信息的表现形式，信息是数据有意义的表示。数据是信息的表达载体，信息是数据的内涵，是形与质的关系。数据本身没有意义，数据只有对实体行为产生影响时才成为信息。

1.1.2　信息的特点

（1）客观性：任何信息都是与客观事实相联系的，这是信息的正确性和精确度的保证。

（2）适用性：问题不同，影响因素不同，需要的信息种类是不同的。信息系统将地理空间的巨大数据流收集、组织和管理起来，经过处理、转换和分析变为对生产、管理和决策具有重要意义的信息，这是由建立信息系统的明确目的性所决定的。

例如，股市信息对于不会炒股的人来说毫无用处，然而股民们会根据它进行股票的购买或抛出，以达到股票增值的目的。

（3）传输性：信息可在信息发送者和接收者之间通过网络进行传输，被形象地称为"信息高速公路"。

（4）共享性：信息与实物不同，信息可以传输给多个用户，为用户共享，而其本身并无损失，这为信息的开发应用提供了可能性。

1.2　信息技术

信息技术（information technology，缩写 IT）是用于管理和处理信息所采用的各种技术的总称。应用计算机科学和通信技术来设计、开发、安装和实施的信息系统及应用软件，称为信息和通信技术（information and communications technology，ICT）。主要包括传感技术、计算机与智能技术、通信技术和控制技术。

1.2.1　信息技术应用范围

信息技术的研究包括技术、工程以及管理等学科在信息的管理、传递和处理中的应用、相关的软件和设备及其相互作用等。

信息技术的应用包括计算机硬件和软件、网络和通信技术、应用软件开发工具等。计算机和互联网普及以来，人们日益普遍地使用计算机来生产、处理、交换和传播各种形式的信息(如书籍、商业文件、报刊、唱片、电影、电视节目、语音、图形、图像等)。

1.2.2 信息技术的社会功能

信息技术代表着当今先进生产力的发展方向，信息技术的广泛应用使信息的重要生产要素和战略资源的作用得以发挥，使人们能更高效地进行资源优化配置，从而推动传统产业不断升级，提高社会劳动生产率和社会运行效率。就传统的工业企业而言，信息技术在以下几个层面推动着企业升级：

- 将信息技术嵌入到传统的机械产品中；
- 计算机辅助设计技术、网络设计技术可显著提高企业的技术创新能力；
- 利用信息系统实现企业经营管理的科学化，统一整合调配企业人力、物力和资金等资源；
- 利用互联网开展电子商务。

1.2.3 信息技术主要特征

有人将计算机与网络技术的特征——数字化、网络化、多媒体化、智能化、虚拟化当作信息技术的特征。我们认为，信息技术的特征应从如下两方面来理解：

(1)信息技术具有技术的一般特征——技术性。具体表现为：方法的科学性，工具设备的先进性，技能的熟练性，经验的丰富性，作用过程的快捷性，功能的高效性等。

(2)信息技术具有区别于其他技术的特征——信息性。具体表现为：信息技术的服务主体是信息，核心功能是提高信息处理与利用的效率、效益。由信息的秉性决定信息技术还具有普遍性、客观性、相对性、动态性、共享性、可变换性等特性。

1.2.4 信息技术的分类

人们对信息技术的分类，因其使用的目的、范围、层次不同而不同：

(1)按表现形态的不同，信息技术可分为硬技术(物化技术)与软技术(非物化技术)。前者指各种信息处理设备及其功能，如显微镜、电话机、通信卫星、多媒体电脑；后者指有关信息获取与处理的各种知识、方法与技能，如语言文字技术、数据统计分析技术、规划决策技术、计算机软件技术等。

(2)按工作流程基本环节的不同，信息技术可分为信息获取技术、信息传递技术、信息存储技术、信息加工技术及信息标准化技术。

信息获取技术包括信息的搜索、感知、接收、过滤等。如显微镜、望远镜、气象卫星、温度计、钟表、Internet 搜索器中的技术等。

信息传递技术指跨越空间共享信息的技术，又可分为不同类型。如单向传递与双向传递技术，单通道传递、多通道传递与广播传递技术。

信息存储技术指跨越时间保存信息的技术，如印刷术、照相术、录音术、录像术、缩微术、磁盘术、光盘术等。

信息加工技术是对信息进行描述、分类、排序、转换、浓缩、扩充、创新等的技术。信息加工技术的发展已有两次突破：从人脑信息加工到使用机械设备（如算盘，标尺等）进行信息加工，再发展为使用电子计算机与网络进行信息加工。

信息标准化技术是指使信息的获取、传递、存储，加工各环节有机衔接，提高信息交换共享能力的技术。如信息管理标准、字符编码标准、语言文字的规范化等。

（3）日常用法中，有人按使用的信息设备不同，把信息技术分为电话技术、电报技术、广播技术、电视技术、复印技术、缩微技术、卫星技术、计算机技术、网络技术等。也有人从信息的传播模式分，将信息技术分为传者信息处理技术、信息通道技术、受者信息处理技术、信息抗干扰技术等。

（4）按技术的功能层次不同，可将信息技术体系分为基础层次的信息技术（如新材料技术、新能源技术），支撑层次的信息技术（如机械技术、电子技术、激光技术、生物技术、空间技术等），主体层次的信息技术（如感测技术、通信技术、计算机技术、控制技术），应用层次的信息技术（如文化教育、商业贸易、工农业生产、社会管理中用以提高效率和效益的各种自动化、智能化、信息化应用软件与设备）。

1.3　信息技术外包

信息技术外包（information technology outsourcing, ITO）是指企业为了专注于自己的核心业务，而将其 IT 系统的全部或部分外包给专业的信息技术服务公司。企业以长期合同的方式委托信息技术服务商向企业提供部分或全部的信息功能。

常见的信息技术外包涉及信息技术设备的引进和维护、通信网络的管理、数据中心的运作、信息系统的开发和维护、备份和灾难恢复、信息技术培训等。

1.3.1　信息技术外包概述

自从计算机在 50 年前进入商业应用领域，各种形式的信息技术外包就一直存在，但是直到最近 15 年信息技术外包服务才盛行起来。

在信息技术服务行业迅速发展的今天，信息技术服务业务分类非常精细，产品与服务的设计、开发、测试、维护都已经流程化。与此同时，企业更加专注于核心技术，而将其信息技术等服务外包给专业的机构。信息技术服务外包是指为了专注核心竞争力业务和降低软件项目成本，将信息技术服务项目中的全部或部分工作外包给提供外包服务的企业完成的活动，包括软件开发、软件测试、业务流程设计、安装、维护、数据加工等。外包根据供应商的地理分布状况划分为境内外包和离岸外包两种类型。境内外包是指外包商与其外包供应商来自同一个国家，离岸外包则指外包商与其供应商来自不同国家，外包工作跨国完成。

外包赋予了企业应对快速变化的全球经济所必需的灵活性，同时它也使企业在竞争激烈的市场环境中能将精力集中于企业的核心竞争力上。外包商通常在规模经济、经验以及在对最新技术的掌握等方面具有明显的优势，而这些优势是单个组织的信息技术部门所难以企及的。企业可能因为许多不同的原因而外包他们的信息技术需求，比如伴随着全球化压力的市场收缩和产品生产周期的缩短促使企业不得不经常调整他们的总体目标，这种情况下，市场就会迫使企业采取信息技术外包来提高竞争力。这样，企业能及时对市场变化做出反应，并且经常性地更新软件。还有的企业内部缺乏专门的信息技术人才，他们将外包作为一种切实可行的替代，以便能够及时获取介绍和发展新技术的专门技术。

1.3.2　信息技术外包现状

外包已经成为一种潮流，已经成为未来企业发展的方向，正如著名的外包专家米切尔 F·卡伯特所言："外包不仅仅是昙花一现的时尚，实际上，外包对于下一代的经理人员将像计算机对于我们的孩子一样自然。"

根据工信部软件服务业司发布的《2012 中国软件与信息服务外包产业发展报告》，2009 年、2010 年、2011 年全球软件外包与服务行业的规模分别为3100 亿美元、4100亿美元和4900 亿美元，2011—2015 年年均复合增长率为 5.4%，2011—2020 年年均复合增长率为 4.7%，维持稳定增长态势。从我国来看，受益于国际、国内市场的巨大需求，我国软件与信息服务外包产业得到快速发展，2013 年产业规模已经达到 3510 亿元，2007 至 2013 年年均复合增长率达到 21.15%。

作为国际软件市场分工的主要方式，全球离岸软件外包市场自 20 世纪 90 年代开始至今，已形成以美国、欧洲、日本三大区域为主要发包方，以印度、爱尔兰、中国等国家和地区为主要接包方的市场供求格局。近年来，我国离岸外包业务增长迅速，2013年我国软件与信息服务离岸外包产业规模达到 59.3 亿美元，2007 至 2013 年年均复合增长率达到 20.16%，我国已逐渐成为全球重要的服务外包基地。

从市场区域来看，2012 年中国承接欧美国家离岸软件开发的市场规模为 28.9 亿美元，占总体市场的 57.3%。软件提供商争相向软件服务化模式转型，有实力的软件企业拥有"传统产品模式"和"软件服务化模式"两种模式，既可以为客户提供软件服务化模式的服务，同时可为需要功能升级的客户或从一开始就偏好产品型的客户提供相应的软件产品。

随着服务价值不断被用户所认知，信息技术服务业从单一的系统集成服务逐步向产业链的前后端延伸扩展，基本形成信息技术咨询服务、设计与开发服务和信息系统集成服务齐头并进，数据处理和运营服务加快发展的产业均衡发展格局。

1.3.3　信息技术外包类型

信息技术外包根据不同的划分方法可以划分为不同类型，目前主要有四种划分方法：

（1）按照信息技术外包的程度可以将信息技术外包划分为整体外包和选择性外包。

整体外包是指将 IT 职能信息技术的 80% 或更多外包给外包商，选择性外包是指几个有选择的信息技术职能的外包，外包数量少于整体的 80%。整体外包因为牵涉的范围很广，风险是很高的，由于整体性外包合同往往要持续很长的时间（通常超过 5 年），而且整体性外包的用户必须花费大量的时间、精力和资金来分析外包交易并与外包商洽谈合同，而且整体性外包可能导致信息技术灵活性的大幅度削弱，所以任何组织选择整体性外包时都必须三思而行。

（2）根据客户与外包商建立的外包关系可以将信息技术外包划分为市场关系型外包、中间关系型外包和伙伴关系型外包。

外包合同关系其中一个是市场型关系，在这种关系下，企业可以在众多有能力完成任务的外包商中自由选择，合同期相对较短，而且合同期满后，能够在成本很低或不用成本、很少不便或没有不便的情况下，换用另一个外包商完成今后的同类任务。另一个是长期的伙伴关系，在这种关系下，企业可以与同一个外包商反复订立合同，建立长期的互利关系。在这中间范围的关系必须保持或维持合理的协作性，直至主要任务的完成，这些关系称为中间关系。

如果外包任务可以在相当短的时间内完成，环境变化搅乱需求的概率很小，没有什么真正的资产专属性，这样就可以订立一份规定了所有偶发事件的合同，此时，可以采用市场关系型外包。

如果外包任务需要花费一些时间来完成，环境的变化可能改变需求，以及存在某些资产专属性，但是任务完成后，维持与外包商的关系没有任何特殊优势，此时，可以采用中间关系型外包。

如果完成任务持续的时间较长，相关需求会随着不可预见的环境变化而变化；资产专属性很高，以及与外包商续签合同能够更好地满足需要，这时就应当考虑伙伴关系型外包。在伙伴关系中，赢得另一方的信任和互利行为可以延续这种关系。但是，在伙伴关系中，管理成本和风险很高，因此伙伴关系带来的收益必须足以抵消这些成本和风险。

（3）根据战略意图可以把信息技术外包划分为信息系统改进（IS improvement）、业务提升（business impact）和商业开发（commercial exploitation）三种类型。

信息系统改进型外包是指企业通过外包提高其核心的 IS 资源的绩效，从而达到其改进 IS 的战略目标。这些目标通常包括节约成本、改进服务质量以及获取新的技术和管理能力等。根据目标可以将信息系统改进型外包划分为提高资源的生产力、实现技术和技能的升级、引进新的 IT 资源和技能、实现 IT 资源和技能的转换等四个层次。

业务提升型外包的主要目标是通过外包使 IT 资源的配置最有效地提升业务绩效的核心层面。为了实现这个目标，要求组织对其业务以及 IT 与业务流程之间的联系有清晰的认识，同时要具有实施新的系统和应对业务变革的能力。这种形式的外包要求在引进新技术和能力时重点考虑业务因素而不是技术因素。这种形式外包的有效实施要求双方共同努力开发组织所需补充的技术和能力，而不是对外包商的单纯依赖。根据目标也可以将业务提升型外包划分为更好的整合 IT 资源、开发基于 IT 的新的业务能力、实施基于 IT 的业务变革、实施基于 IT 的业务流程等四个层次。

商业开发型外包是指通过外包为企业产生新的收入和利润或抵消企业的成本从而提高企业 IT 的投资收益。商业开发型外包也可以划分为出售现有的 IT 资产、开发新的 IT 产品和服务、创建新的市场流程和渠道、建立基于 IT 的新业务等四个层次。

（4）按照价值中心的方法可以将信息技术外包划分为成本中心型、服务中心型、投资中心型和利润中心型外包。

成本中心型外包是指通过 IT 外包在强调运行的效率的同时使风险最小化。服务中心型外包是指通过外包在使风险最小化的同时建立基于 IT 的业务能力以支持组织的现行战略。投资中心型外包是指通过 IT 外包使组织对创建新的基于 IT 的业务能力建立长期的目标并给予长期的关注。利润中心型外包是指通过 IT 外包向外部市场提供 IT 服务，获得不断增长的收入和宝贵的经验。

1.3.4　信息技术外包的风险

外包面临众多风险，因而外包的预期收益可能难以实现，所以必须对外包的风险进行分析。假如这些风险大到令人难以承受的程度或无法加以管理，则应避免进行外包；如风险不太大或能够加以管理，则应考虑外包。

服务外包的风险如下：

（1）外包可能不会降低企业信息技术的成本。导致费用更高的原因通常是那些不可预测和未予说明的变更。

（2）外包风险还来自特定外包商的本性及其行为。在外包中，企业依赖于外包商，但无法像控制自己职员那样对外包商的行为进行控制。

（3）外包切断了企业学习所处商业领域最新的技术及应用的途径。

（4）由于外包，企业将失去一些灵活性。

针对这些服务外包的风险，可以将防范风险的方法归结为：控制外包决策，选择合适的外包商，通过完善的合同限制外包商的投机行为以及管理外包关系。

1.3.5　信息技术外包的优点

一般来说，信息技术外包对发包企业来说有以下好处：

（1）资源在商业战略和企业部门中被重新分配，非 IT 业务的投资得到加强，有利于强化企业核心竞争力，获得对市场做出有效反应的能力。

（2）有利于信息技术人才不足的企业获取最好最新的技术，与技术退化有关的难题得到解决。

（3）由于是信息技术厂商提供专业化服务，信息技术服务的效率会得到较大提高，服务的成本也会得到一定的节约。

信息技术外包对接包企业来讲有以下好处：

（1）形成外包业务产业，有利于促进信息技术厂商形成分行业的解决方案，有利于一批专业信息技术厂商的成长。

（2）规模化经营能够持续降低信息技术服务的成本，提高服务效率。

（3）外包业务的集中有利于知识和软件在不同企业间的重用，有利于信息技术人员的快速成长。

1.3.6　信息技术外包的缺点

从长远的战略考虑来看，信息技术外包的成本节约是短期的。具体来讲，其缺点有：

（1）当外包服务不再受公司的控制时，企业便失去了灵活性，不能根据环境的改变做出迅速的反应。

（2）外包增加了成本，很难更换外包服务商或再由企业内部接手。

（3）外包服务商在质量和服务方面也有可能存在一定风险，即外包服务商提供的质量和服务能否令人满意。虽然在很多情况下企业与外包服务商会有一个服务级别的协议，但要在协议上明确每一方的义务是难以实现的。

1.3.7　信息技术外包小结

由于信息技术外包在国内尚属起步阶段，相关的成功案例和经验还十分缺乏。虽然国外有关信息技术外包的理论和实践较为成熟，但是由于各国的文化背景及市场状况迥然不同，各个企业之间的情况也存在着种种差异，国外的理论和经验还必须与中国的现实和实践相结合，所以必须对适合中国企业和现实的信息技术外包的理论和方法进行进一步的研究。信息社会是学习和创新的社会，随着经济的全球化和电子商务更加务实的发展以及电子政务的积极推进，研究和探索信息技术的外包有着广泛的理论意义和实践价值。

1.4　计算机系统基础知识

随着计算机功能的不断增强，应用范围不断扩展，计算机系统也越来越复杂。一个完整的计算机系统是由计算机硬件系统和软件系统两大部分组成。所谓硬件系统，是指组成计算机的各种物理设备的总称，是计算机系统的物质基础。所谓软件系统，是指实现算法的程序及其文档，包括计算机本身运行所需的系统软件和用户完成任务所需的应用软件。

1.4.1　计算机系统的基本组成

计算机必须依靠硬件和软件的协同工作来执行各种任务，其中，计算机硬件系统是计算机系统的基础，软件系统是计算机系统的灵魂。计算机系统的整体组成如图 1 - 1 所示。

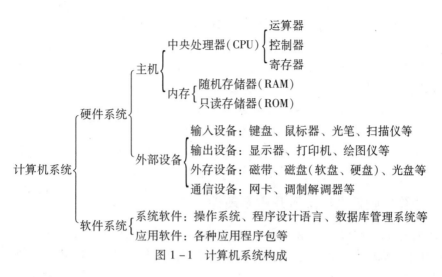

图 1-1　计算机系统构成

1.4.2　计算机工作原理

计算机的基本工作原理概括起来就是在硬件系统实现数学运算和逻辑运算的基础上，通过软件程序的控制，实现各种复杂的运算和控制功能。

典型的计算机硬件系统由运算器、控制器、存储器、输入设备和输出设备等五大部分构成，我们称之为冯·诺依曼体系结构。目前的计算机大多是基于冯·诺依曼体系结构，如图 1-2 所示。冯·诺依曼体系结构的计算机是以存储程序方式工作的，即在控制器的控制下，计算机的各个部分根据预先编制的程序自动连续进行工作。

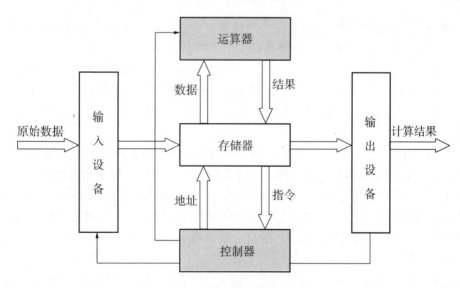

图 1-2　计算机硬件系统组成结构

根据冯·诺依曼体系结构构成的计算机，其工作过程如下：

（1）人们按照要解决的问题的数学描述，用计算机能接受的语言编制成程序，即指令，将程序和数据以二进制代码的形式存入计算机的存储器中。

（2）在控制器的控制下，计算机自动从存储器中取出一条指令，分析指令并执行，以完成计算机的各项工作，并把计算结果再存入存储器中。

（3）计算机再处理下一条程序指令，直到整个程序运行结束。

随着计算机技术的发展，虽然大多数计算机仍采用冯·诺依曼体系结构，但已有了许多改进。如现代计算机不再是以运算器为中心，而是以存储器为中心；数据可以和程序分开存放在不同的存储器中；程序不允许修改等。为了进一步提高计算机系统的性能，还出现了并行处理机、流水处理机等许多新型的计算机系统结构。

1.4.3 计算机硬件系统配置及主要硬件

从外观上看，计算机硬件的主要组成包括机箱、显示器、常用 I/O 设备（鼠标、键盘等）。其中，机箱中包含着计算机的大部分重要的硬件设备，如 CPU、主板、内存、硬盘及电源等。

1.4.3.1 中央处理器（central processing unit，CPU）

1. 简介

中央处理器是一块超大规模的集成电路，产生控制信号对其他部件进行控制，并负责处理、运算计算机内部的所有数据，是一台计算机的运算核心（core）和控制核心（control unit）。它主要包括运算器（算术逻辑运算单元 arithmetic logic unit，ALU）和高速缓冲存储器（cache）及实现它们之间联系的数据（data）、控制及状态的总线（bus）。它与内部存储器（memory）和输入/输出（I/O）设备合称为电子计算机三大核心部件。

2. 评价指标

计算机的性能在很大程度上由 CPU 的性能决定，而 CPU 的性能主要体现在其运行程序的速度上。影响运行速度的性能指标包括以下参数：

（1）主频。主频也叫时钟频率，单位是兆赫（MHz）或千兆赫（GHz），用来表示 CPU 的运算、处理数据的速度。通常，主频越高，CPU 处理数据的速度就越快。

（2）外频。外频是 CPU 的基准频率，单位是 MHz。CPU 的外频决定着整块主板的运行速度。

（3）总线频率。总线频率直接影响 CPU 与内存直接数据交换速度。总线频率与外频的区别：总线频率是数据传输的速度，外频是 CPU 与主板之间同步运行的速度。

（4）缓存。缓存大小也是 CPU 的重要指标之一，缓存容量的增大可以大幅度提升 CPU 内部读取数据的命中率，而不用再到内存或者硬盘上寻找，以此提高系统性能。但是基于 CPU 芯片面积和成本的因素，缓存一般都很小。

1.4.3.2 主板

主板（motherboard，mainboard，简称 Mobo）又称主机板、系统板、逻辑板、母板、底板等，是构成复杂电子系统如电子计算机的中心或者主电路板。如果把 CPU 看成是计算机的大脑，那么主板就是计算机的神经系统。

主板是计算机中最大的一块电路板，它上面布满了各种电子元件、插槽和接口。CPU、内存储器、显卡及各种外接设备的接口卡都插在这儿。主板的中心任务是维系

CPU 与外部设备之间协同工作。有了主板的支持，CPU 才可以控制硬盘、键盘、鼠标、内存等周边设备。

1.4.3.3 存储器

存储器是用来存储计算机工作时使用的信息(程序和数据)的部件，正是因为有了存储器，计算机才有信息记忆功能。

存储器按物理介质不同，分为了内部存储器和外部存储器两大类。

1. 内部存储器

内部存储器简称为内存或主存，是计算机系统存放数据与指令的半导体存储器单元。其作用是用于暂时存放 CPU 中的运算数据以及与硬盘等外部存储器交换的数据。它是计算机中重要的部件之一，是与 CPU 进行沟通的桥梁。计算机中所有程序的运行都是在内存中进行的，因此内存的性能对计算机的影响非常大。只要计算机在运行中，CPU 就会把需要运算的数据调到内存中进行运算，当运算完成后 CPU 再将结果传送出来，内存的运行也决定了计算机的稳定运行。

内部存储器通常分为只读存储器(read only memory，ROM)、随机存储器(random access memory，RAM)和高速缓存存储器(cache)。

(1)只读存储器，简称 ROM。其中的内容事先写入，计算机开机工作后只能读出，不能随机写入。关机或停电时 ROM 中的数据信息不丢失，因此常用来存放固定程序或常数。

(2)随机存储器，简称 RAM。计算机工作时，其中的数据可以随机读出或者写入。关机或停电时，其中的数据丢失。用户开机工作时，程序调入 RAM 执行；关机时，RAM 中的程序和数据信息如果需要，需送外部存储器保存。在计算机工作时，RAM 主要用于随机存放程序和数据。其特点：一是存储器中的数据可以反复使用，只有向存储器写入新数据时存储器中的内容才被更新；二是存储器中的信息会随着计算机的断电自然消失。

(3)高速缓存存储器。它是介于 CPU 和内存之间的一种可高速存取信息的芯片，可以解决 CPU 和内存之间的速度冲突问题。

2. 外部存储器

外部存储器简称外存。由于计算机的内存容量有限，不可能容纳所有的系统软件和应用软件，因此，使用外部存储器用来存放暂时不用的程序和数据。计算机工作时，一般先由只读存储器中的引导程序启动系统，再从外存中读取系统程序和应用程序送到内存中运行。目前，常用的外存有硬盘、光盘、移动硬盘和移动存储器(U 盘)等。

(1)硬盘。硬磁盘存储器是由硬盘和硬盘驱动器构成，是电脑主要的存储媒介之一。硬盘和硬盘驱动器作为一个整体密封在一个金属腔体内，称为硬盘机，简称硬盘(hard disk driver，HDD)。近年来，硬盘的技术发展速度比其他存储设备快了许多，容量越来越大，速度越来越快，价格却越来越低。硬盘由一个或者多个铝制或者玻璃制的碟片组成，碟片外覆盖有铁磁性材料，一般固定在主机箱内。一个物理硬盘可以划分为多个逻辑硬盘，每个逻辑硬盘都有一个盘符，硬盘的盘符总是从 C:开始，依次序分配。

硬盘有固态硬盘(SSD ，新式硬盘)、机械硬盘(HDD ，传统硬盘)、混合硬盘

（HHD，基于传统机械硬盘诞生出来的新硬盘）。SSD 采用闪存颗粒来存储，HDD 采用磁性碟片来存储，混合硬盘是把磁性硬盘和闪存集成到一起的一种硬盘。机械硬盘的优点是生产成本低，容量大，但稳定性及读写数据速度不如固态硬盘；固态硬盘优点是速度快、稳定、寿命长，但目前来说价格贵。

（2）光盘存储器（optical disk）。光盘存储器是一种利用激光技术存储信息的装置。它是 20 世纪 70 年代的重大科技发明，是信息移动存储技术的重大突破。它不仅容量大，而且价格低廉，读取速度快，数据可靠性高，便于保存和携带，是最适合保存多媒体数据的载体。光盘驱动器由光盘片和光盘驱动器（简称光驱）构成。光驱一般安装在计算机的主机箱内，也有外置光驱通过并口或 USB 接口与主机相连的，是光盘的读写设备。

（3）移动硬盘（mobile hard disk）。顾名思义，移动硬盘是以硬盘为存储介质，可用于计算机之间交换大容量数据，强调便携性的存储产品，具有容量大、体积小、速度高和使用方便等特点。

（4）U 盘存储器（USB flash disk）。又称 USB 闪存盘，它是一种使用 USB 接口的无需物理驱动器的微型高容量移动存储产品，通过 USB 接口与电脑连接，实现即插即用。U 盘的称呼最早来源于朗科科技生产的一种新型存储设备，名曰"优盘"，使用 USB 接口进行连接。U 盘连接到电脑的 USB 接口后，U 盘的资料可与电脑交换。而之后生产的类似技术的设备由于朗科已进行专利注册，而不能再称之为"优盘"，而改称谐音"U 盘"。后来，U 盘这个称呼因其简单易记而广为人知，是移动存储设备之一。

1.4.3.4 显示系统

计算机的显示系统包括显示器和显卡。

1. 显示器

显示器（display，通常也称为监视器）是计算机必备的输出设备，它用于显示交互信息，查看文本和图形图像，显示数据命令与接受反馈信息。目前，常用的有阴极射线管显示器（简称 CRT）、液晶显示器（简称 LCD）和等离子显示器（简称 PDP）。

显示器的主要性能参数包括点距、分辨率以及刷新率。

分辨率就是构成图像的像素和。像素就是在屏幕上的单个点。显示器可显示的像素越多，画面就越清晰，同样的屏幕区域内能显示的信息也越多。分辨率通常用水平和垂直方向的像素个数和乘积来表示。例如 1024×768、1280×1024 等等。通常情况下，图像的分辨率越高，所包含的像素就越多，图像就越清晰，印刷的质量也就越好。同时，它也会增加文件占用的存储空间。

刷新率指的是屏幕刷新的速度，用更新画面次数/秒表示，单位是赫兹（Hz）。例如，75Hz 表示每秒更新画面 75 次。刷新率越低，图像闪烁和抖动就越厉害，眼睛越易疲劳。从保护眼睛的角度出发，刷新率越高越好。

2. 显卡

显卡（video card，graphics card）全称显示接口卡，又称显示适配器，是计算机最基本的配置，也是最重要的配件之一。显卡作为电脑主机里的一个重要组成部分，是电脑进行数模信号转换的设备，承担输出显示图形的任务。显卡接在电脑主板上，它将电脑的数字信号转换成模拟信号让显示器显示出来，同时显卡还有图像处理能力，可协助CPU工作，提高整体运行速度。对于从事专业图形设计的人来说显卡非常重要。

在目前的技术条件下，显卡分为了独立显卡和集成显卡两类。而独立显卡和集成显卡的最大区别就是显示效果的强弱，体现在游戏和高清视频、图像设计方面。

1.4.3.5 输入输出设备

1. 输入设备

输入设备（input device）是用户或外部设备与计算机进行交互的一种装置，用于把原始数据和处理这些数据的程序输入到计算机中。计算机能够接收各种各样的数据，既可以是数值型的数据，也可以是各种非数值型的数据，如图形、图像、声音等都可以通过不同类型的输入设备输入到计算机中，进行存储、处理和输出。键盘，鼠标，摄像头，扫描仪，光笔，手写输入板，游戏杆，语音输入装置等都属于输入设备。

（1）键盘（keyboard）。键盘是常用的输入设备，通过键盘可以将英文字母、数字、标点符号等输入到计算机中，从而向计算机发出命令、输入数据等。起初这类键盘多用于品牌机，如HP、联想等品牌机率先采用了这类键盘，受到广泛的好评，并曾一度被视为品牌机的特色。随着时间的推移，市场上也渐渐出现独立的具有各种快捷功能的产品单独出售，并带有专用的驱动和设定软件，在兼容机上也能实现个性化的操作。

（2）鼠标（mouse）。鼠标是一种手持式屏幕坐标定位设备。它的使用是为了使计算机的操作更加简便快捷，来代替键盘繁琐的操作。

鼠标按其工作原理及其内部结构的不同可以分为机械式和光电式。此外，还有一种无线鼠标，不需使用电缆来传输数据就能远距离操作主机，可以避免用户桌面上众多电缆的烦扰。

（3）扫描仪（scanner）。扫描仪是利用光电技术和数字处理技术，以扫描方式将图形或图像信息转换为数字信号的装置。扫描仪是常用的计算机外部仪器设备，通过捕获图像并将之转换成计算机可以显示、编辑、存储和输出的数字化输入设备。扫描仪对照片、文本页面、图纸、美术图画、照相底片、菲林软片，甚至纺织品、标牌面板、印制板样品等三维对象都可进行扫描提取，将原始的线条、图形、文字、照片、平面实物转换成可以编辑的对象并加入文件中。

2. 输出设备

输出设备（output device）是计算机硬件系统的终端设备，用于接收计算机数据的输出显示、打印、声音、控制外围设备操作等，可以把各种计算结果（数据或信息）以数字、字符、图像、声音等形式表现出来。常见的输出设备有显示器、打印机、绘图仪、影像输出系统、语音输出系统、磁记录设备等。

（1）打印机（printer）。打印机是计算机的输出设备之一，用于将计算机处理结果打印在相关介质上。衡量打印机好坏的指标有三项：打印分辨率，打印速度和噪声。打印机的种类很多，按打印元件对纸是否有击打动作，分为击打式打印机与非击打式打印机。按打印字符结构，分为全形字打印机和点阵字符打印机。按一行字在纸上形成的方式，分为串式打印机与行式打印机。按所采用的技术，分为柱形、球形、喷墨式、热敏式、激光式、静电式、磁式、发光二极管式等打印机。

（2）绘图仪。绘图仪是能按照人们要求自动绘制图形的设备。它可将计算机的输出信息以图形的形式输出。主要可绘制各种管理图表和统计图、大地测量图、建筑设计图、电路布线图、各种机械图与计算机辅助设计图等。

（3）声卡（sound card）和音箱。声卡也叫音频卡，它是多媒体技术中最基本的组成部分，是实现声波/数字信号相互转换的一种硬件。它的基本功能是把来自话筒、磁带、光盘的原始声音信号加以转换，输出到耳机、扬声器、扩音机、录音机等声响设备，或通过音乐设备数字接口（MIDI）使乐器发出美妙的声音。

音箱是整个音响系统的终端，其作用是把音频电能转换成相应的声能，并把它辐射到空间去。它是音响系统极其重要的组成部分，因为它担负着把电信号转变成声信号供人的耳朵直接聆听这一个关键任务。它要直接与人的听觉打交道，而人的听觉是十分灵敏的，并且对复杂声音的音色具有很强的辨别能力。由于人耳对声音的主观感受正是评价一个音响系统音质好坏的最重要的标准，因此，可以认为，音箱的性能高低对一个音响系统的放音质量起着关键作用。

1.4.3.6　其他常见设备

除了前面介绍的几种计算机设备外，还有一些设备也是计算机的常见设备。主要有以下几种：

1. 机箱

机箱一般包括外壳、支架、面板上的各种开关、指示灯等。

机箱作为电脑配件的一部分，它的主要作用是放置和固定各种电脑配件，起到承托和保护作用。此外，电脑机箱具有屏蔽电磁辐射的重要作用。

虽然在 DIY 中不是很重要的配置，但是使用质量不良的机箱容易使主板和机箱短路，使电脑系统变得很不稳定。

2. 电源

电源是整个计算机系统的动力之源，它是把 220V 交流电转换成直流电，并专门为电脑配件如主板、驱动器、显卡等供电的设备，是电脑各部件供电的枢纽，是电脑的重要组成部分。由于现在计算机各个配件耗电量日益增大，因此一个强劲而稳定的电源十分重要。

3. 调制解调器

调制解调器是一种计算机硬件，它能把计算机的数字信号翻译成可沿普通电话线传送的模拟信号，而这些模拟信号又可被线路另一端的另一个调制解调器接收，并译成计算机可读懂的语言。这一简单过程完成了两台计算机间的通信。

1.5 实训：选购计算机硬件设备

1.5.1 选购计算机硬件设备需要注意的问题

（1）电脑的性能。一般消费者在选购时往往只是看电脑的 CPU 型号和频率，其实，平时大家所言的电脑的快慢是指电脑的整机速度，并不单指 CPU 的运算能力。一台电脑往往是由几十个部件组成的，性能的优劣要看各个部件之间的配合，不能只看个别的配置。

（2）注意所选品牌的服务，买品牌就是买服务。在选购电脑时一定要得到商家可信的服务承诺，例如，应让商家出示保修卡，不能只听口头承诺。

（3）衡量价格问题。购买电脑的投入是一次性的，因此选择电脑时，尽量一次到位，既不能被铺天盖地的广告所蒙蔽，也不要贪图价格便宜而买一些低配置电脑！大多数人选购电脑时并没有把家用电脑与商用电脑、办公电脑等各种不同用途的电脑区分开来。有些电脑对于一部分家庭来说，不一定适合。家用电脑在确定选购类型、档次上都应该量体裁衣。

（4）我们在选择品牌家用电脑的时候，还可以观察一下其外观造型及色彩，是否和自己的家居装饰配套，还有产品的价格因素，附赠的软件是否实用，购买期间是否有优惠促销活动等等。要尽量做到物尽其用，不要盲目攀比，选择配置过于高档的电脑。

1.5.2 选购计算机的步骤

（1）确定电脑的用途，是办公、影音还是游戏，这三类对于电脑的配置要求是完全不同的。

（2）明确自己的预算。现在 2000 多元就能买台电脑，过万元的也不少见。不要只关注价格，适合自己的才重要。

（3）分析电脑的技术指标，主要包括 CPU、主板、内存、硬盘、显卡等。

1.5.3 计算机各个硬件设备的选购原则

1. CPU 选购原则

CPU 的性能主要体现在其运行程序的速度上。影响运行速度的性能指标包括 CPU 的工作频率、cache 容量、指令系统和逻辑结构等参数。在其他配置相同的情况下，这些性能指标参数越高，性能越强。

2. 主板选购原则

电脑的主板对电脑的性能来说，影响是很重大的。曾经有人将主板比喻成建筑物的地基，其质量决定了建筑物坚固耐用与否；也有人形象地将主板比作高架桥，其好坏关系着交通的畅通与速度。主板选购具体原则如下：

①工作稳定，兼容性好；

②功能完善，扩充力强；

③使用方便，可以在 BIOS 中对尽量多的参数进行调整；

④厂商有更新及时、内容丰富的网站，维修方便快捷；

⑤价格相对便宜，即性价比高。

3. 内存选购原则

内存的种类和运行频率对性能有一定影响，不过相比之下，容量的影响更加大。在其他配置相同的条件下内存越大，机器性能也就越高。

4. 硬盘选购原则

作为计算机系统的数据存储器，容量是硬盘最主要的参数。一般情况下硬盘容量越大，这个硬盘的性价比就越高。

转速的快慢是标示硬盘档次的重要参数之一，也是决定硬盘内部传输率的关键因素之一，在很大程度上直接影响到硬盘的速度。硬盘的转速越快，硬盘寻找文件的速度也就越快，相对的硬盘的传输速度也就得到了提高。

5. 显卡选购原则

（1）合理地选择显卡的品牌。显卡是目前计算机中最为复杂的部件，市场上的显卡厂家、产品型号令用户目不暇接，往往不同品牌的产品，即使产品规格、型号、图形显示芯片以及功能完全相同，它们的价格也各不相同。选购时应尽量选择知名品牌的产品，如丽台、华硕等，也可以考虑一些中小品牌产品，如太阳花、七彩虹等，至于杂牌以及其他品牌产品，尽管便宜，但从用料、做工及产品稳定性等多种因素考虑，不建议用户购买。

（2）认清显卡的显存。显存是显卡的关键部件，它的品质直接关系显卡的最终性能表现。然而，显存决定了显卡所能够具备的基本功能，但显卡最终的性能还是由显存来决定。用户选购显卡时一定要认真查询显卡标准配置确定的显存基本规格，鉴定显存的位宽。

1.5.4　明确选择笔记本电脑还是台式机

（1）笔记本电脑。

优点：体积小，重量轻、携带方便。

缺点：相对于台式机而言，同样性能的计算机，笔记本电脑的价格要比台式机昂贵很多。

建议：需要使用计算机进行移动办公学习的用户，家里经济宽裕的用户，可以选择笔记本电脑。

（2）台式电脑。

优点：相同性能的计算机，台式机要便宜很多。

缺点：笨重，不宜携带。

建议：强调性价比，要求计算机处理速度快的用户选择台式机。

1.5.5　明确选择品牌机还是组装机

（1）品牌机：整台计算机都由计算机生产商进行装配，整体销售，不得分开卖。其优势是质量有保障，稳定性相对较高，售后服务有保障。

（2）组装机：各个部件可根据用户的要求随意搭配，由电脑城商家进行安装调试。其优势是性价比较高。但要注意的是，只有台式机分品牌机和组装机。

建议：不熟悉计算机的用户可以选择品牌机，希望得到较好性能的用户可以选择组装机。

1.5.6　网上模拟装机

想要买电脑，最省钱的办法莫过于自己组装。与品牌机相比，同样的配置，去国内各大电商平台买来自己组装，比较划算。

装机非常简单，有防呆插口设计，不会插错。

比较麻烦的就是罗列好配件，这需要看各个配件的参数，配件间的接口相同，才能组装起来。

下面我们使用太平洋电脑网（http：//www.pconline.com.cn）中"自助装机"模块来搭配电脑配件。

（1）进入太平洋电脑网，点击右上角的"自助装机"，如图 1－3 所示。

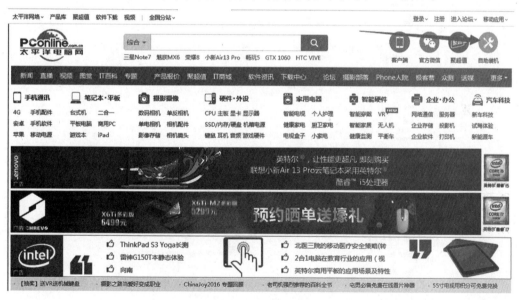

图 1－3　太平洋电脑网首页

（2）点击左上角的"CPU"，可以通过"品牌""价格""系列""核心数量""产品特性"等参数来对 CPU 进行选择，还可以通过搜索引擎快速找到所需的 CPU 型号。如图 1－4所示，我们以 2015 年最新款的 AMD A8－7650K 为例，再点"更多参数"，来看看它的接口和配置信息。

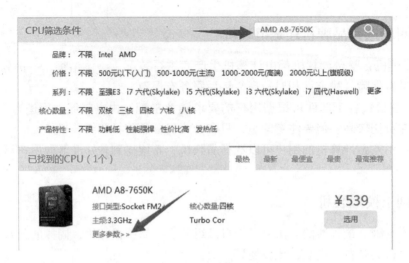

图 1 - 4　CPU 筛选条件

（3）如图 1 - 5 所示，在 CPU 的各项参数中，我们不仅仅要关注主频、缓存等参数，还需注意两个信息：一个是 CPU 的插槽类型为 Socket FM2 ＋ ，要考虑到是否和主板的插槽接口匹配；另一个是 CPU 支持的内存频率，最大 DDR3 2133 MHz，要考虑到是否和接下来选购的内存相匹配。

图 1 - 5　CPU 各项性能参数

（4）选好 CPU 之后，接下来就要选择主板了。根据所选择的 CPU 型号，选择和CPU 相匹配的主板。如图 1 - 6 所示，左列点击"主板"，右侧出现的筛选条件中，芯片厂商选择"AMD"，"CPU 插槽"选择"Socket FM2 ＋"，"芯片（组）"选择"A88X"。品牌和价格则可根据自己的实际需要和喜好来进行选择。

图 1 - 6　主板筛选条件

（5）根据所列的筛选条件，在下方列出的主板型号中，可以选择一款自己中意的主板。同时，点击选用的主板下的"更多参数"，还有一些信息需要关注。

如图 1 - 7 所示，一是主板板型：Micro ATX 板型，选购机箱时需要与之匹配。

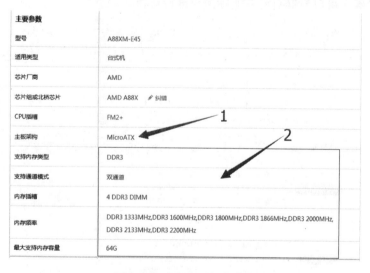

图 1 - 7　主板主要性能参数

二是支持的内存类型、内存插槽、内存频率，选购内存时需要与之匹配。

三是显卡插槽，如图 1-8 所示，如果需要选购显卡，需要考虑和显卡接口匹配。这里所选的 CPU 是 APU，内部集成了显卡核心，不需要独立显卡了。

四是 SATA 接口，8 个 SATA Ⅲ，这代表 3 代（速度比 2 代快很多，也兼容 2 代 1 代）。这也和硬盘、光驱的接口匹配。

五是扩展接口。PS/2 键盘鼠标接口 ，USB 接口。这是和键盘标的接口匹配。

六是电源插口，一个 4 针（CPU 供电），一个 24 针电源接口。这要和电源接口匹配。

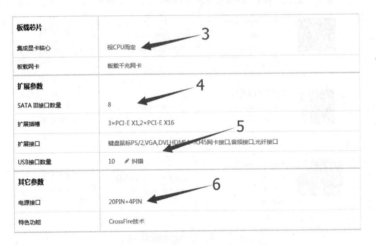

图 1-8　主板其余各项性能参数

（6）再接下来是选择内存。需要根据 CPU 和主板支持的内存类型、内存频率、内存插槽来选择。如图 1-9 所示，可供我们筛选的参数包括了品牌、价格、内存类型、标准、内存容量等，可以根据自己的实际需要进行选择。

图 1-9　内存筛选条件

（7）选购和主板的硬盘接口类型匹配的硬盘。如图1-10所示，可供我们筛选的参数包括品牌、价格、硬盘容量、使用平台、闪存类型等，可以根据自己的实际情况来选择。

图1-10　硬盘筛选条件

（8）根据主板的板型选择合适的机箱。注意，如果主板支持USB 3.0，所选择的机箱最好也带前置USB 3.0。如图1-11所示，可供我们筛选的参数包括品牌、价格、适用类型、款式、机箱类型等，可以根据自己的实际情况来选择。

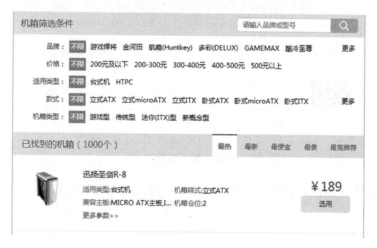

图1-11　机箱筛选条件

（9）选购电源，应注意适用范围、额定功率以及电源接口和主板匹配。一般来讲，不带显卡，300W足够了，带显卡最好350W到500W。如图1-12所示，可供我们筛选的参数包括品牌、价格、额定功率、PFC类型、80PLUS认证等，可以根据自己的实际情况来选择。

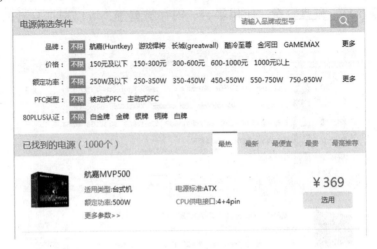

图 1 - 12　电源筛选条件

（10）选购显示器。选择自己喜欢的尺寸大小。一般来说，显示器的 3 种主流接口 2013 年后的主板都支持。如图 1 - 13 所示，可供我们筛选的参数包括品牌、价格、产品分类、尺寸、面板类型等，可以根据自己的实际情况来选择。

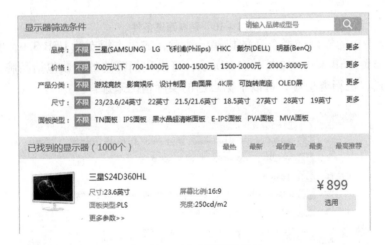

图 1 - 13　显示器筛选条件

（11）选购鼠标键盘、音箱、耳机等设备。这些都不是核心设备，完全可以根据自己的喜好进行选择。

习题 1

一、单项选择题

（1）计算机采用了（　）原理，使其成为信息时代广泛使用的一种自动化信息处理工具。

A. 二进制   B. 大规模集成电路

C. 存储与程序控制   D. 电子技术

(2)下面哪句话是正确的?( )

A. 现代的通信和计算机技术的发展产生了信息技术

B. 21 世纪人类进入信息社会,信息、信息技术就相应产生了

C. 有了人类就有了信息技术

D. 有了计算机后就有了信息技术

(3)下列哪项不是信息技术?( )

A. 感测与识别技术   B. 信息传递技术

C. 信息处理与再生技术   D. 信息高速技术

(4)以下不属于冯·诺依曼原理基本内容的是( )。

A. 采用二进制来表示指令和数据

B. 计算机应包括运算器、控制器、存储器、输入和输出设备五大基本部件

C. 程序存储和程序控制思想

D. 软件工程思想

(5)下列四条叙述中,正确的是( )。

A. 计算机能直接识别并执行高级语言源程序

B. 计算机能直接识别并执行机器指令

C. 计算机能直接识别并执行数据库语言源程序

D. 汇编语言源程序可以被计算机直接识别和执行

(6)CPU 是由( )集成的芯片,又被称为中央处理器。

A. 集体管和电子管   B. 运算器和控制器

C. 运算器和存储器   D. 内存和外存

(7)显示器是一种( )设备。

A. 输入   B. 输出   C. 外部   D. 网络

(8)键盘是一种( )设备。

A. 字符输入   B. 字符输出   C. 程序输入   D. 图像输入

二、 问答题

利用网络搜集相关资料,分析和讨论以下问题:

(1)比较现在与 20 世纪的学习和生活方式的区别与变化,在现有条件下,我们应该如何利用信息技术提高学习效率和综合职业能力?

(2)目前国内市场上主流的台式电脑、笔记本电脑和平板电脑是什么配置?参考价格分别是多少?

2 计算机操作系统

计算机系统是由硬件和软件构成的，而计算机软件通常分为系统软件和应用软件两大类。操作系统是现代计算机必不可少的最重要的系统软件，是计算机正常运行的指挥中枢，其他软件是建立在操作系统的基础上，并在操作系统的统一管理和支持下运行的。

2.1   操作系统基本概念

操作系统(operating system，简称OS)是管理和控制计算机硬件与软件资源的计算机程序，是直接运行在裸机上的最基本的系统软件，任何其他软件都必须在操作系统的支持下才能运行。

操作系统是用户和计算机的接口，同时也是计算机硬件和其他软件的接口。操作系统的功能包括管理计算机系统的硬件、软件及数据资源，控制程序运行，改善人机界面，为其他应用软件提供支持，使计算机系统所有资源最大限度地发挥作用，提供各种形式的用户界面，使用户有一个好的工作环境，为其他软件的开发提供必要的服务和相应的接口等。实际上，用户是不用接触操作系统的，操作系统管理着计算机硬件资源，同时按照应用程序的资源请求，分配资源。

2.2   操作系统发展历史

从1946年诞生第一台电子计算机以来，它的每一代进化都以减少成本、缩小体积、降低功耗、增大容量和提高性能为目标。随着计算机硬件的发展，操作系统得以形成和发展。

2.2.1   早期的操作系统

最初的计算机并没有操作系统，人们通过各种操作按钮来控制计算机，后来出现了汇编语言，操作人员通过有孔的纸带将程序输入电脑进行编译。这些将语言内置的计算机只能由操作人员自己编写程序来运行，不利于设备、程序的共用。为了解决这种问题，就出现了操作系统，这样就很好实现了程序的共用，以及对计算机硬件资源的管理。

随着计算技术和大规模集成电路的发展，微型计算机迅速发展起来。从20世纪70年代中期开始出现了计算机操作系统。

2.2.2　单任务(DOS)操作系统

计算机操作系统的发展经历了两个阶段。第一个阶段为单用户、单任务的操作系统，其中值得一提的是 MS‐DOS，它是 1980 年设计的单用户操作系统。后来，微软公司获得了该操作系统的专利权，配备在 IBM‐PC 机上，并命名为 PC‐DOS。1987 年，微软发布 MS‐DOS 3.3 版本，是非常成熟可靠的 DOS 版本，微软取得个人操作系统的霸主地位。

从 1981 年问世至今，DOS 经历了 7 次大的版本升级，从 1.0 版到现在的 7.0 版，不断地改进和完善。但是，DOS 系统的单用户、单任务、字符界面和 16 位的大格局没有变化，因此它对于内存的管理也局限在 640KB 的范围内。

2.2.3　多任务可视化操作系统

计算机操作系统发展的第二个阶段是多用户多道作业和分时系统。其典型代表有 UNIX、XENIX、OS/2 以及 Windows 操作系统。

(1)UNIX 具有多用户、多任务、树形结构的文件系统以及重定向和管道三大特点。

(2)OS/2 采用图形界面，它本身是一个 32 位系统，不仅可以处理 32 位 OS/2 系统的应用软件，也可以运行 16 位 DOS 和 Windows 软件。它将多任务管理、图形窗口管理、通信管理和数据库管理融为一体。

(3)Windows 是 Microsoft 公司在 1985 年 11 月发布的第一代窗口式多任务系统，它使 PC 机开始进入所谓的图形用户界面时代。Windows 1. x 版是一个具有多窗口及多任务功能的版本，由于当时的硬件平台为 PC/XT，速度很慢，所以 Windows 1. x 版本并未十分流行。1987 年底，Microsoft 公司又推出了 MS‐Windows 2. x 版，它具有窗口重叠功能，窗口大小也可以调整，并可把扩展内存和扩充内存作为磁盘高速缓存，从而提高了整台计算机的性能，此外它还提供了众多的应用程序。

1990 年，Microsoft 公司推出了 Windows 3.0，它的功能进一步加强，具有强大的内存管理，且提供了数量相当多的 Windows 应用软件，因此成为 386、486 微机新的操作系统标准。随后，Windows 发表3.1 版，而且推出了相应的中文版。3.1 版较之 3.0 版增加了一些新的功能，受到了用户欢迎，是当时最流行的 Windows 版本。1995 年，Microsoft 公司推出了 Windows 95。在此之前的 Windows 都是由 DOS 引导的，也就是说它们还不是一个完全独立的系统，而 Windows 95 是一个完全独立的系统，并在很多方面做了进一步的改进，还集成了网络功能和即插即用功能，是一个全新的 32 位操作系统。1998 年，Microsoft 公司推出了 Windows 95 的改进版 Windows 98，Windows 98 的一个最大特点就是把微软的 Internet 浏览器技术整合到了 Windows 95 里面，使得访问 Internet 资源就像访问本地硬盘一样方便，从而更好地满足了人们越来越多地访问 Internet 资源的需要。

从微软 1985 年推出 Windows 1.0 以来，Windows 系统从最初运行在 DOS 下的 Windows 3. x，到现在风靡全球的 Windows 9x/Me/2000/NT/XP，几乎成为了操作系统的代名词。

2.2.4　操作系统现状

目前，大型机与嵌入式系统使用多样化的操作系统。在服务器方面 Linux、UNIX 和 Windows Server 占据了市场的大部分份额。在超级计算机方面，Linux 取代 UNIX 成为第一大操作系统，截至 2012 年 6 月，世界超级计算机 500 强排名中基于 Linux 的超级计算机占据了 462 个席位，比率高达 92%。而随着智能手机的发展，Android 和 iOS 已经成为目前最流行的两大手机操作系统。

2012 年，全球智能手机操作系统市场份额的变化情况相对稳定。智能手机操作系统市场一直被几个手机制造商巨头所控制，而安卓的垄断地位主要得益于三星智能手机在世界范围内所取得的巨大成功。虽然 Android 占据领先，但是苹果 iOS 用户在应用上花费的时间则比 Android 的长。微软收购了诺基亚，发展了许多 OEM 厂商，并不断发布新机型试图扭转 WP 的不利局面，取得了不错的成效。

2.3　操作系统的作用

操作系统的作用主要体现在两方面：

(1)改善人机界面，为用户提供良好的工作环境。

操作系统不仅是计算机硬件和各种软件之间的接口，也是用户与计算机之间的接口。它屏蔽了硬件物理特性和操作细节，为用户使用计算机提供了便利。而之前的计算机操作者是在裸机上通过手工操作方式进行工作，这样既笨拙，又费时。

(2)有效管理系统资源，提高系统资源使用效率。

操作系统是计算机系统的资源管理者，它含有对系统软、硬件资源实施管理的一组程序。如何有效地管理、合理地分配系统资源，提高系统资源的使用效率是操作系统的主要任务。资源利用率、系统吞吐量是两个重要的指标。

2.4　操作系统主要功能

操作系统的主要功能包括资源管理、程序控制和人机交互等。计算机系统的资源可分为设备资源和信息资源两大类。设备资源指的是组成计算机的硬件设备，如中央处理器、主存储器、磁盘存储器、打印机、磁带存储器、显示器、键盘输入设备和鼠标等。信息资源指的是存放于计算机内的各种数据，如文件、程序库、知识库、系统软件和应用软件等。

操作系统位于底层硬件与用户之间，是两者沟通的桥梁。用户可以通过操作系统的用户界面，输入命令。操作系统则对命令进行解释，驱动硬件设备，实现用户要求。以现代观点而言，一个标准个人电脑的 OS 操作系统应该提供以下的功能：

1. 资源管理

系统的设备资源和信息资源都是操作系统根据用户需求按一定的策略来进行分配和调度的。

（1）存储管理。操作系统的存储管理负责把内存单元分配给需要内存的程序以便让它执行，在程序执行结束后将它占用的内存单元收回以便再使用。对于提供虚拟存储的计算机系统，操作系统还要与硬件配合做好页面调度工作，根据执行程序的要求分配页面，在执行中将页面调入和调出内存以及回收页面等。

（2）处理器管理。处理器管理或称处理器调度，是操作系统资源管理功能的另一个重要内容。在一个允许多道程序同时执行的系统里，操作系统会根据一定的策略将处理器交替地分配给系统内等待运行的程序。一道等待运行的程序只有在获得了处理器后才能运行。一道程序在运行中若遇到某个事件，例如启动外部设备而暂时不能继续运行下去，或一个外部事件的发生等等，操作系统就要来处理相应的事件，然后将处理器重新分配。

（3）设备管理。操作系统的设备管理功能主要是分配和回收外部设备以及控制外部设备按用户程序的要求进行操作等。对于非存储型外部设备，如打印机、显示器等，它们可以直接作为一个设备分配给一个用户程序，在使用完毕后回收以便给另一个有需求的用户使用。对于存储型的外部设备，如磁盘、磁带等，则是提供存储空间给用户，用来存放文件和数据。存储性外部设备的管理与信息管理是密切结合的。

（4）文件管理。文件管理是操作系统的一个重要功能，主要是向用户提供一个文件系统。一般来说，一个文件系统向用户提供创建文件、撤销文件、读写文件、打开和关闭文件等功能。有了文件系统后，用户可按文件名存取数据而无需知道这些数据存放在哪里。这种做法不仅便于用户使用，而且还有利于用户共享公共数据。此外，由于文件建立时允许创建者规定使用权限，因而可以保证数据的安全性。

2. 程序控制

一个用户程序的执行自始至终是在操作系统控制下进行的。一个用户将他要解决的问题用某一种程序设计语言编写了一个程序后，就将该程序连同对它执行的要求输入到计算机内，操作系统根据要求控制这个用户程序的执行直到结束。操作系统控制用户的执行，主要有以下一些内容：调入相应的编译程序，将用某种程序设计语言编写的源程序编译成计算机可执行的目标程序，分配内存储等资源将程序调入内存并启动，按用户指定的要求处理执行中出现的各种事件以及与操作员联系请示有关意外事件的处理等。

3. 人机交互

操作系统的人机交互功能是决定计算机系统"友善性"的一个重要因素。人机交互功能主要靠可输入输出的外部设备和相应的软件来完成。可供人机交互使用的设备主要有键盘、鼠标、各种模式识别设备等。与这些设备相应的软件就是操作系统提供人机交互功能的部分。人机交互部分的主要作用是控制有关设备的运行和理解并执行通过人机交互设备传来的有关的各种命令和要求。

4. 虚拟内存

虚拟内存是计算机系统内存管理的一种技术。它使得应用程序认为它拥有连续的可用的内存(一个连续完整的地址空间)，而实际上，它通常是被分隔成多个物理内存碎片，还有部分暂时存储在外部磁盘存储器上，在需要时进行数据交换。

5. 用户接口

用户接口包括作业一级接口和程序一级接口。作业一级接口为了便于用户直接或间接地控制自己的作业而设置。它通常包括联机用户接口与脱机用户接口。程序一级接口是为用户程序在执行中访问系统资源而设置的，通常由一组系统调用组成。

在早期的单用户单任务操作系统(如 DOS)中，每台计算机只有一个用户，每次运行一个程序，且次序不是很大，单个程序完全可以存放在实际内存中。这时虚拟内存并没有太大的用处。但随着程序占用存储器容量的增长和多用户多任务操作系统的出现，在程序设计时，在程序所需要的存储量与计算机系统实际配备的主存储器的容量之间往往存在着矛盾。例如，在某些低档的计算机中，物理内存的容量较小，而某些程序却需要很大的内存才能运行；而在多用户多任务系统中，多个用户或多个任务更新全部主存，要求同时执行独断程序。这些同时运行的程序到底占用实际内存中的哪一部分，在编写程序时是无法确定的，必须等到程序运行时才动态分配。

6. 用户界面

用户界面(user interface，简称 UI，亦称使用者界面)是系统和用户之间进行交互和信息交换的媒介，它实现信息的计算机内部形式与人类可以接受形式之间的转换。

用户界面是介于用户与硬件而设计彼此之间交互沟通的相关软件，目的在于使用户能够方便有效率地去操作硬件以达成双向之交互，完成所希望借助硬件完成之工作。用户界面定义广泛，包含了人机交互与图形用户接口，凡参与人类与机械的信息交流的领域都存在着用户界面。用户和系统之间一般用面向问题的受限自然语言进行交互。目前有系统开始利用多媒体技术开发新一代的用户界面。

2.5 操作系统的分类方法

操作系统的种类相当多，各种设备安装的操作系统从简单到复杂，可分为智能卡操作系统、实时操作系统、传感器节点操作系统、嵌入式操作系统、个人计算机操作系统、多处理器操作系统、网络操作系统和大型机操作系统。操作系统的具体分类方法有以下 6 种。

1. 按应用领域分类

可分为桌面操作系统、服务器操作系统、嵌入式操作系统。

2. 按所支持用户数分类

可分为单用户操作系统(如 MSDOS、OS/2)、多用户操作系统(如 UNIX、Linux、MVS)。

3. 按源码开放程度分类

可分为开源操作系统(如 Linux、FreeBSD)和闭源操作系统(如 Mac OS X、Windows)。

4. 按硬件结构分类

可分为网络操作系统（NetWare、Windows NT、OS/2 warp）、多媒体操作系统（Amiga）和分布式操作系统等。

5. 按操作系统环境分类

可分为批处理操作系统（如 MVX、DOS/VSE）、分时操作系统（如 Linux、UNIX、XENIX、Mac OS X）、实时操作系统（如 iEMX、VRTX、RTOS、RT WINDOWS）。

6. 按存储器寻址宽度分类

可以将操作系统分为 8 位、16 位、32 位、64 位、128 位的操作系统。早期的操作系统一般只支持 8 位和 16 位存储器寻址宽度，现代的操作系统如 Linux 和 Windows 7 都支持 32 位和 64 位。

2.6 操作系统的主要类型

根据处理方式、运行环境、服务对象和功能的不同，操作系统可分为以下类型。

1. 批处理操作系统

批处理操作系统（batch processing operating system）的工作方式是：用户将作业交给系统操作员，系统操作员将许多用户的作业组成一批作业，之后输入到计算机中，在系统中形成一个自动转接的连续的作业流，然后启动操作系统，系统自动、依次执行每个作业。最后由操作员将作业结果交给用户。批处理操作系统的特点是多道和成批处理。

2. 分时操作系统

分时操作系统（time sharing operating system，简称 TSOS）的工作方式是：一台主机连接了若干个终端，每个终端有一个用户在使用。用户交互式地向系统提出命令请求，系统接受每个用户的命令，采用时间片轮转方式处理服务请求，并通过交互方式在终端上向用户显示结果。用户根据上步结果发出下道命令。分时操作系统将 CPU 的时间划分成若干个片段，称为时间片。操作系统以时间片为单位，轮流为每个终端用户服务。每个用户轮流使用一个时间片而使每个用户并不感到有别的用户存在。分时系统具有多路性、交互性、独占性和及时性的特征。多路性指同时有多个用户使用一台计算机，宏观上看是多个人同时使用一个 CPU，微观上是多个人在不同时刻轮流使用 CPU。交互性是指用户根据系统响应结果进一步提出新请求（用户直接干预每一步）。独占性是指用户感觉不到计算机为其他人服务，就像整个系统为他所独占。及时性是指系统对用户提出的请求及时响应。它支持位于不同终端的多个用户同时使用一台计算机，彼此独立，互不干扰，用户感到好像一台计算机全为他所用。

常见的通用操作系统是分时系统与批处理系统的结合。其原则是：分时优先，批处理在后。前台响应需频繁交互的作业，如终端的要求；后台处理时间性要求不强的作业。

UNIX 系统是典型的多用户、多任务的分时操作系统。

3. 实时操作系统

实时操作系统(real time operating system，简称 RTOS)是指使计算机能及时响应外部事件的请求，在规定的时间内完成对该事件的处理，并控制所有实时设备和实时任务协调一致地工作的操作系统。实时操作系统追求的目标是：对外部请求在规定的时间范围内做出反应，有高可靠性和完整性。其主要特点是资源的分配和调度首先要考虑实时性然后才是效率。此外，实时操作系统应有较强的容错能力。

4. 网络操作系统

网络操作系统(network operating system，简称 NOS)是通常运行在服务器上的操作系统，是基于计算机网络的，是在各种计算机操作系统上按网络体系结构协议标准开发的软件，包括网络管理、通信、安全、资源共享和各种网络应用。其目标是相互通信及资源共享。在其支持下，网络中的各台计算机能互相通信和共享资源。其主要特点是与网络的硬件相结合来完成网络的通信任务。网络操作系统被设计成在同一个网络中(通常是一个局部区域网络 LAN，一个专用网络或其他网络)的多台计算机可以共享文件和打印机访问。

流行的网络操作系统有 Linux，UNIX，BSD，Windows Server，Mac OS X Server，Novell NetWare 等。

5. 分布式操作系统

分布式操作系统(distributed software systems)是支持分布式计算系统配置的操作系统。大量的计算机通过网络被连接在一起，可以获得极高的运算能力及广泛的数据共享。这种系统被称作分布式系统(distributed system)。它在资源管理、通信控制和操作系统的结构等方面都与其他操作系统有较大的区别。由于分布式计算机系统的资源分布于系统的不同计算机上，操作系统对用户的资源需求不能像一般的操作系统那样等待有资源时直接分配的简单做法，而是要在系统的各台计算机上搜索，找到所需资源后才可进行分配。对于有些资源，如具有多个副本的文件，还必须考虑一致性。所谓一致性是指若干个用户对同一个文件所同时读出的数据是一致的。为了保证一致性，操作系统需控制文件的读、写操作，使得多个用户可同时读一个文件，而任一时刻最多只能有一个用户在修改文件。分布式操作系统的通信功能类似于网络操作系统。由于分布式操作系统不像网络分布得很广，同时它还要支持并行处理，因此它提供的通信机制和网络操作系统提供的有所不同，它要求通信速度高。分布式操作系统的结构也不同于其他操作系统，它分布于系统的各台计算机上，能并行地处理用户的各种需求，有较强的容错能力。

分布式操作系统是网络操作系统的更高形式，它具备网络操作系统的全部功能，而且还具有透明性、可靠性和高性能等特点。网络操作系统和分布式操作系统虽然都用于管理分布在不同地理位置的计算机，但最大的差别是：网络操作系统知道确切的网址，而分布式操作系统则不知道计算机的确切地址；分布式操作系统负责整个的资源分配，能很好地隐藏系统内部的实现细节，如对象的物理位置等。这些都是对用户透明的。

6. 嵌入式操作系统

嵌入式操作系统(embedded operating system)是使用非常广泛的操作系统。嵌入式设备一般使用嵌入式操作系统(经常是实时操作系统,如 VxWorks、eCos)或者指定程序员移植的新系统,以及某些功能缩减版本的 Linux(如 Android,Tizen,MeeGo,webOS)或者其他操作系统。某些情况下,嵌入式操作系统指的是一个自带了固定应用软件的巨大泛用程序。在许多最简单的嵌入式系统中,所谓的操作系统就是指其上唯一的应用程序。

2.7 常见的操作系统介绍

1. UNIX

UNIX 是一个强大的多用户、多任务操作系统,支持多种处理器架构,按照操作系统的分类,属于分时操作系统。UNIX 最早由 Ken Thompson 和 Dennis Ritchie 于 1969 年在美国 AT&T 的贝尔实验室开发。

UNIX(UNIX - like)操作系统指各种传统的 UNIX 以及各种与传统 UNIX 类似的系统。它们虽然有的是自由软件,有的是商业软件,但都相当程度地继承了原始 UNIX 的特性,有许多相似处,并且都在一定程度上遵守 POSIX 规范。类 UNIX 系统可在非常多的处理器架构下运行,在服务器系统上有很高的使用率,例如大专院校或工程应用的工作站。

2. Linux

Linux 操作系统是 1991 年推出的一个多用户、多任务的操作系统。它与 UNIX 完全兼容。Linux 最初是由芬兰赫尔辛基大学计算机系学生 Linus Torvalds 在基于 UNIX 的基础上开发的一个操作系统的内核程序,Linux 的设计是为了在 Intel 微处理器上更有效地运用。其后在理查德·斯托曼的建议下以 GNU 通用公共许可证发布,成为自由软件 UNIX 变种。它的最大的特点在于它是一个源代码公开的自由及开放源码的操作系统,其内核源代码可以自由传播。

经历数年的披荆斩棘,自由开源的 Linux 系统逐渐蚕食以往专利软件的专业领域。Linux 有各类发行版,通常为 GNU/Linux,如 Debian(及其衍生系统 Ubuntu、Linux Mint)、Fedora、openSUSE 等。Linux 发行版作为个人计算机操作系统或服务器操作系统,在服务器上已成为主流的操作系统。

3. Mac OS X

Mac OS 是一套运行于苹果 Macintosh 系列电脑上的操作系统。Mac OS 是首个在商用领域成功的图形用户界面。Macintosh 组包括比尔·阿特金森(Bill Atkinson)、杰夫·拉斯金(Jef Raskin)和安迪·赫茨菲尔德(Andy Hertzfeld)。Mac OS X 于 2001 年 首次在商场上推出。它是一套以 UNIX 为基础的操作系统,包含两个主要的部分:一个是名为 Darwin,以 FreeBSD 源代码和 Mach 微核心为基础,由苹果公司和独立开发者社群协力开发的核心;另一个是由苹果电脑开发,名为 Aqua 的专有版权的图形用户接口。

4. Windows

Windows 是由微软公司成功开发的操作系统。Windows 是一个多任务的操作系统,它采用图形窗口界面,用户对计算机的各种复杂操作只需通过点击鼠标就可以实现。

Microsoft Windows 系列操作系统是在 MS – DOS 基础上设计的图形界面操作系统。Windows 系统，如 Windows 2000、Windows XP 皆是创建于现代的 Windows NT 内核。NT 内核是从 OS/2 和 OpenVMS 等系统上借用来的。Windows 可以在 32 位和 64 位的 Intel 和 AMD 的处理器上运行，但是早期的版本也可以在 DEC Alpha、MIPS 与 PowerPC 架构上运行。虽然人们对于开放源代码作业系统的兴趣有所提升，但 Windows 的市场占有率却在下降。目前最新的一个版本是 2014 年 1 月 22 日微软在美国旧金山发布的 Windows 10 版。

5. iOS

iOS 操作系统是由苹果公司开发的手持设备操作系统。iOS 与苹果的 Mac OS X 操作系统一样，它也是以 Darwin 为基础的，因此同样属于类 UNIX 的商业操作系统。这个系统原名为 iPhone OS，于 2010 年 6 月 7 日 WWDC 大会上宣布改名为 iOS。

6. Android

Android 是一种以 Linux 为基础的开放源代码操作系统，主要使用于便携设备。Android 操作系统最初由 Andy Rubin 开发，最初主要支持手机。2005 年由 Google 收购注资，并组建开放手机联盟进行开发改良，逐渐扩展到平板电脑及其他领域上。从 2011 年第一季度开始，Android 在全球的市场份额首次超过塞班系统，跃居全球第一。

7. WP

Windows Phone(简称 WP)是微软发布的一款手机操作系统，它将微软旗下的 Xbox Live 游戏、Xbox Music 音乐与独特的视频体验集成至手机中。微软公司于 2010 年 10 月 11 日晚上 9 点 30 分正式发布了智能手机操作系统 Windows Phone，将其使用接口称为 Modern 接口。2011 年 2 月，诺基亚与微软达成全球战略同盟并深度合作共同研发。2011 年 9 月 27 日，微软发布 Windows Phone 7.5。2012 年 6 月 21 日，微软正式发布 Windows Phone 8，采用和 Windows 8 相同的 Windows NT 内核，同时也针对市场的 Windows Phone 7.5 发布 Windows Phone 7.8。2014 年 8 月 4 日晚，微软正式向 WP 开发者推送了 WP8.1 GDR1 预览版，即 WP8.1 Update。

8. Chrome OS

Chrome OS 是由谷歌开发的一款基于 Linux 的操作系统，发展出与互联网紧密结合的云操作系统，工作时运行 Web 应用程序。谷歌在 2009 年 7 月 7 日发布该操作系统，并在 2009 年 11 月 19 日以 Chromium OS 之名推出相应的开源项目，将 Chromium OS 代码开源。Chrome OS 同时支持 Intel x86 以及 ARM 处理器，软件结构极其简单，可以理解为在 Linux 的内核上运行一个使用新的窗口系统的 Chrome 浏览器。对于开发人员来说，Web 就是平台，所有现有的 Web 应用可以完美地在 Chrome OS 中运行，开发者也可以用不同的开发语言为其开发新的 Web 应用。

2.8 实训：安装操作系统

计算机配置好了，可是对于计算机非常陌生的初学者来说，很容易因为操作不当而损坏自己心爱的计算机。要想放心大胆地使用，还不担心损坏计算机，可以借助虚拟机来获得帮助。

2.8.1　虚拟机的概念

虚拟机(virtual machine)是指通过软件模拟的具有完整硬件系统功能的、运行在一个完全隔离环境中的完整计算机系统。通俗地说，虚拟机是将一台计算机虚拟化，实现一台计算机具备多台计算机的功能，但整机性能也会被各个虚拟机所分割，因此划分虚拟机越多，各个虚拟机所分配的 CPU、内存、存储空间资源也越少，因此组建虚拟机通常是配置越高越好。

目前流行的虚拟机软件有 VMware(VMware ACE)、Virtual Box 和 Virtual PC，它们都能在 Windows 系统上虚拟出多个计算机，每个虚拟计算机可以独立运行，可以安装各种软件与应用程序等。因此虚拟机广泛使用于服务器等行业。

2.8.2　虚拟机的作用

虚拟机在现实中的作用还是相当大的。比如新系统发布了，想测试一下效果，又怕安装系统后出现问题，重装比较麻烦，怎么办？虚拟机可以解决这个麻烦。又如，电脑中没有光驱，如果要安装系统，就可以使用虚拟机来安装。虚拟机内部拥有虚拟光驱，支持直接打开系统镜像文件安装系统。另外，虚拟机技术在游戏爱好者眼中也相当实用，比如很多游戏一般不支持一台电脑同时多开，这时可以在电脑中创建几个虚拟机，每个虚拟机系统均可单独运行程序，这样即可实现一台电脑同时多开同一游戏了。

虚拟机在企业中的应用也非常广泛，由于服务器通常配置很高，很多服务器网络商为了满足中小网站的需求，通常将一台服务器划分出多个虚拟机服务器，每个网站均可分配到独立服务器资源的一部分，互相不影响，而且可以配独立 IP 地址，大大解决了中小企业使用单独服务器费用过高的问题。

2.8.3　虚拟机软件

目前最流行的虚拟机软件是 VMware Workstation，能在 Windows 系统上虚拟出多个计算机。它可以在一台机器上同时运行两个或更多 Windows、DOS、Linux 系统。与多启动系统相比，VMware 采用了完全不同的概念。多启动系统在一个时刻只能运行一个系统，在系统切换时需要重新启动机器。VMware 是真正同时运行，多个操作系统在主系统的平台上，就像标准 Windows 应用程序那样切换。而且，每个操作系统都可以进行虚拟的分区、配置而不影响真实硬盘的数据，甚至可以通过网卡将几台虚拟机连接为一个局域网，极其方便。但要注意的是，安装在 VMware 上的操作系统性能比直接安装在硬盘上的系统低不少，因此，比较适合学习和测试。

2.8.4　虚拟机的安装

(1)首先打开 VMware 虚拟机，这里我们使用的 VMware 虚拟机版本是 VMware10，打开 VMware 虚拟机，如图 2 - 1 所示。若要创建一个新的虚拟机，点击"创建新的虚拟机"。

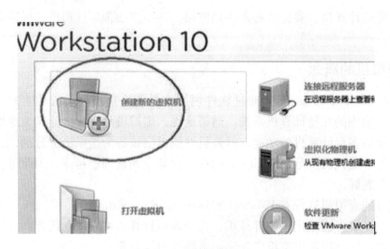

图 2 - 1   虚拟机首页界面

（2）进入到虚拟机安装新向导，如图 2 - 2 所示，如果对于计算机硬件并不是太了解，可以默认选择"典型"，然后点击"下一步"。

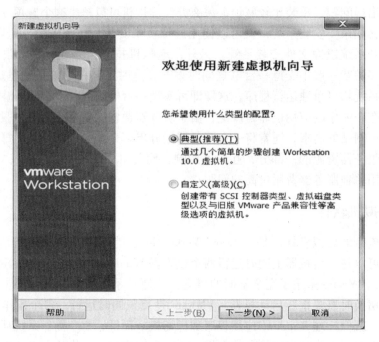

图 2 - 2   新建虚拟机向导

（3）明确需要在虚拟机中安装的操作系统类型。首先选择安装来源，一般情况下，我们选择"安装程序光盘映像文件"，如图 2 - 3 所示，选择自己想安装的映像文件，明确需要安装的操作系统类型，是 Linux 还是 Windows 等等，在此，我们选择熟悉的Windows。

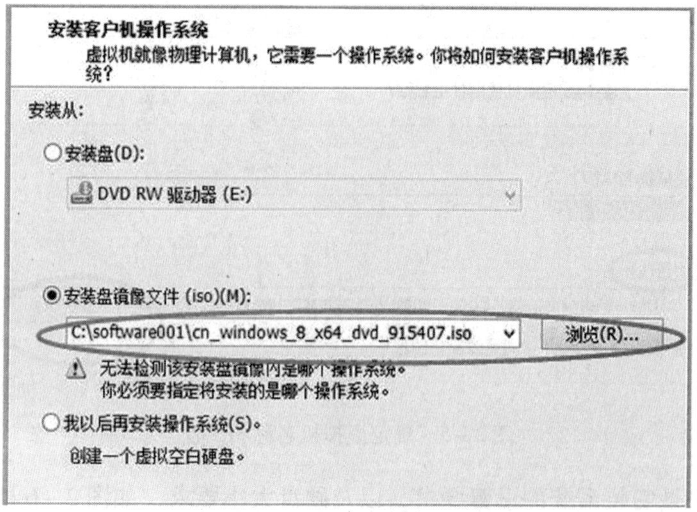

图2-3 安装客户机操作系统

（4）上一步骤选择了 Windows，如图2-4所示，接着需要选择 Windows 版本，是 Win8、Win7 还是 Windows XP 等

图2-4 选择客户机操作系统

（5）明确虚拟机名称和选择安装的位置，如图2-5所示。

信
息
技
术
应
用
实
训
教
程

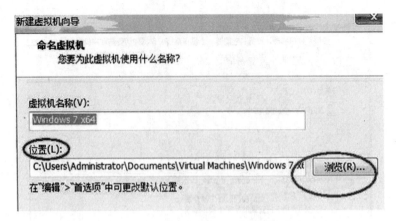

图2-5　确定虚拟机名称和位置

(6)接下来是安装系统的设置要求，以及硬盘大小要求，如图2-6所示；

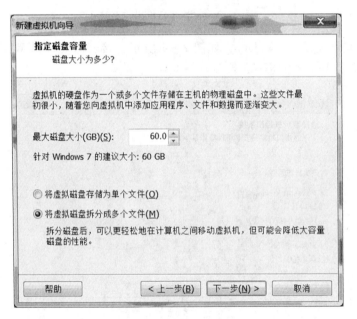

图2-6　指定磁盘容量

(7)设置好了后，点击完成，如图2-7所示，即可进行操作系统的安装了。

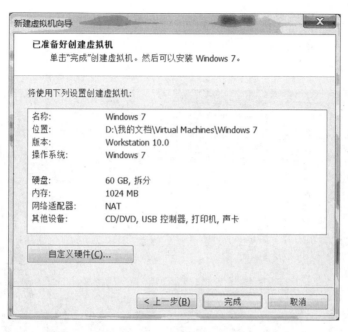

图 2-7 虚拟机设置的确定

（8）如果想对该虚拟机系统的硬件重新进行分配，还可以点击"自定义硬件"按钮，打开如图 2-8 所示的界面分别对内存、处理器等硬件设备重新进行分配。

图 2-8 自定义硬件界面

2.8.5　操作系统的安装

（1）虚拟机安装好之后，打开如图2－9所示的安装 WINDOWS 7 SP1 GHOST 系统菜单，选择"[1]安装系统到硬盘第一分区"。

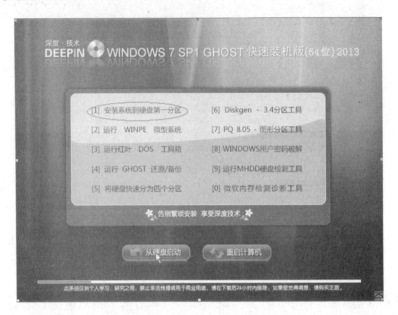

图2－9　快速装机界面

（2）系统自动重启，自动拷贝系统过程如图2－10所示。

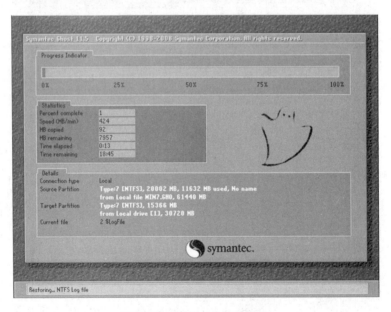

图2－10　系统自动拷贝界面

（3）拷贝系统完成后会自动重启，并进入系统安装自动检测过程，如图2-11所示。

图2-11　系统安装自动检测界面

（4）检测通过后会自动搜索安装硬件的各类驱动，如图2-12所示。

图2-12　驱动安装过程界面

（5）经过几分钟的安装，如图 2 – 13 所示，到最后激活 Windows 7 旗舰版过程，这样系统安装后就不用再激活了。

图 2 – 13　完成系统安装界面

（6）再经过 5 ～ 10 分钟，系统会自动安装结束，自动重启，进入系统！至此，安装 GHOST Win 7 系统过程结束！在虚拟机中出现如图 2 – 14 所示界面。

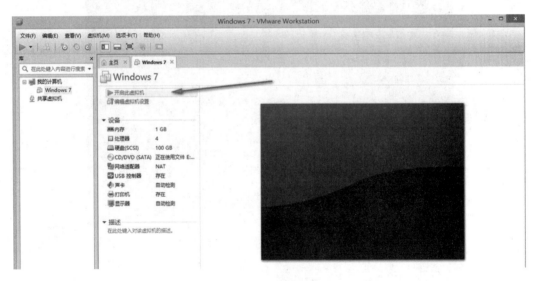

图 2 – 14　系统安装结束显示界面

习题 2

一、 单项选择题

(1)文件的类型可以根据( )来识别。

A. 文件的大小   B. 文件的用途

C. 文件的扩展名   D. 文件的存放位置

(2)下列不属于 Windows7 控制面板中的设置项目的是( )。

A. Windows Update   B. 备份和还原

C. 还原   D. 网络和共享中心

(3)下列哪项不是操作系统? ( )

A. Office2010   B. Windows XP   C. UNIX   D. Linux

(4)下列有关操作系统的叙述中,错误的一条是( )。

A. 操作系统是最基本的软件,Windows 是最早使用的操作系统

B. 操作系统是随着计算机软件的发展而发展起来的,最早的计算机并无操作系统

C. 目前 PC 机除了可以使用 Windows 系列操作系统,也可以使用其他操作系统

D. 计算机系统中软件安全的核心是操作系统的安全性

(6)计算机的软件系统分为( )。

A. 程序和数据   B. 系统软件和应用软件

C. 工具软件和测试软件   D. 系统软件和测试软件

(7)在软件方面,第一代计算机主要使用( )。

A. 高级程序设计语言   B. 数据库管理系统

C. 机器语言   D. 专用软件

(8)最基础最重要的系统软件是( )。

A. 办公软件   B. 操作系统   C. 应用软件   D. 数据库软件

二、 操作题

使用虚拟机尝试在个人电脑中安装一个任意类型的操作系统。

3 计算机磁盘分区

计算机中存放信息的主要存储设备是硬盘，但是硬盘不能直接使用，必须对硬盘进行分割，分割成的一块一块的硬盘区域，这就是磁盘分区。

3.1 磁盘分区定义

磁盘分区是使用分区编辑器(partition editor)在磁盘上划分几个逻辑部分，盘片一旦划分成数个分区(partition)，不同类的目录与文件可以存储进不同的分区。越多分区，也就有更多不同的地方，可以将文件的性质区分得更细。存储在不同的地方以管理文件；但太多分区就成了麻烦。空间管理、访问许可与目录搜索的方式，依属于安装在分区上的文件系统。当改变磁盘分区大小的能力依赖于安装在分区上的文件系统时，需要谨慎地考虑分区的大小。

3.2 磁盘分区的目的

分区允许在一个磁盘上有多个文件系统。有许多理由需要进行磁盘分区：

(1)有利于管理。系统一般单独放一个区，这样由于系统区只放系统，其他区不会受到系统盘出现磁盘碎片的性能影响。

(2)受技术的限制。例如，旧版的微软 FAT 文件系统不能访问超过一定的磁盘空间；旧的 PC BIOS 不允许从超过硬盘 1024 个柱面的位置启动操作系统。

(3)如果一个分区出现逻辑损坏，损坏的仅仅是该分区，而不是整个硬盘受影响。

(4)在一些操作系统(如 Linux)交换文件通常本身就是一个分区。在这种情况下，双重启动配置的系统就可以让几个操作系统使用同一个交换分区以节省磁盘空间。

(5)避免过大的日志或者其他文件占满导致整个计算机故障。将它们放在独立的分区，这样只有那一个分区出现空间耗尽。

(6)两个操作系统经常不能存在同一个分区上或者使用不同的本地磁盘格式。为了使用不同的操作系统，将磁盘分成不同的逻辑磁盘。

(7)许多文件系统使用固定大小的簇将文件写到磁盘上，这些簇的大小与所在分区文件系统大小成正比。如果一个文件大小不是簇大小的整数倍，文件簇组中的最后一个将会有不能被其他文件使用的空闲空间。这样，使用簇的文件系统使得文件在磁盘上所占空间超出它们在内存中所占空间，并且越大的分区意味着越大的簇容量和越大的浪费空间。所以，使用几个较小的分区而不是大分区可以节省空间。

（8）每个分区可以根据不同的需求定制。例如，如果一个分区很少往里写数据，就可以将它加载为只读。如果想要许多小文件，就需要使用有许多节点的文件系统分区。

（9）在运行 UNIX 的多用户系统上，有可能需要防止用户的硬连接攻击。为了达到这个目的，/home 和/tmp 路径必须与如/var 和/etc 下的系统文件分开。

3.3 磁盘分区的格式

磁盘分区后，必须经过格式化才能够正式使用。格式化后常见的磁盘格式有：FAT（FAT16）、FAT32、NTFS、ext2、ext3 等。

1. FAT16

这是 MS－DOS 和最早期的 Win95 操作系统中最常见的磁盘分区格式。它采用 16 位的文件分配表，能支持最大为 2GB 的硬盘。几乎所有的操作系统都支持这一种格式，从 DOS、Win95、Win97 到 Win98、Windows NT、Win2000，甚至火爆一时的 Linux 都支持这种分区格式。但是在 FAT16 分区格式中，它有一个最大的缺点：磁盘利用效率低。因为在 DOS 和 Windows 系统中，磁盘文件的分配是以簇为单位的，一个簇只分配给一个文件使用，不管这个文件占用整个簇容量的多少。这样，即使一个文件很小，它也要占用一个簇，剩余的空间便全部闲置在那里，形成了磁盘空间的浪费。由于分区表容量的限制，FAT16 支持的分区越大，磁盘上每个簇的容量也越大，造成的浪费也越大。目前，这种分区格式已经被淘汰了。

2. FAT32

这种格式采用 32 位的文件分配表，使其对磁盘的管理能力大大增强，突破了 FAT16 对每一个分区的容量只有 2 GB 的限制。由于硬盘生产成本下降，并且容量越来越大，运用 FAT32 的分区格式后，可以将一个大硬盘定义成一个分区而不必分为几个分区使用，大大方便了对磁盘的管理。而且，FAT32 具有一个最大的优点：在一个不超过 8GB 的分区中，FAT32 分区格式的每个簇容量都固定为 4KB，与 FAT16 相比，可以大大地减少磁盘空间的浪费，提高磁盘利用率。支持这一磁盘分区格式的操作系统有 Win97、Win98 和 Win2000。但是，这种分区格式也有它的缺点，首先是采用 FAT32 格式分区的磁盘，由于文件分配表的扩大，运行速度比采用 FAT16 格式分区的磁盘要慢。另外，由于 DOS 不支持这种分区格式，所以采用这种分区格式后，就无法再使用 DOS 系统。

3. NTFS

这种格式的优点是安全性和稳定性极高，在使用中不易产生文件碎片。它能对用户的操作进行记录，通过对用户权限进行非常严格的限制，使每个用户只能按照系统赋予的权限进行操作，充分保护了系统与数据的安全。目前，几乎所有的操作系统都支持这一种格式，从 Windows NT 和 Windows 2000 直至 Windows Vista 及 Windows 7、Windows 8。

4. ext2、ext3

ext2，ext3 是 Linux 操作系统适用的磁盘格式，Linux ext2/ext3 文件系统使用索引节点来记录文件信息，作用像 Windows 的文件分配表。索引节点是一个结构，它包含了一个文件的长度、创建及修改时间、权限、所属关系、磁盘中的位置等信息。一个文件系统维护了一个索引节点的数组，每个文件或目录都与索引节点数组中的唯一一个元素对应。系统给每个索引节点分配了一个号码，也就是该节点在数组中的索引号，称为索引节点号。Linux 文件系统将文件索引节点号和文件名同时保存在目录中。所以，目录只是将文件的名称和它的索引节点号结合在一起的一张表，目录中每一对文件名称和索引节点号称为一个连接。对于一个文件来说有唯一的索引节点号与之对应，对于一个索引节点号，却可以有多个文件名与之对应。因此，在磁盘上的同一个文件可以通过不同的路径去访问它。

Linux 缺省情况下使用的文件系统为 ext2，ext2 文件系统的确高效稳定。但是，随着 Linux 系统在关键业务中的应用，Linux 文件系统的弱点也渐渐显露出来：其中系统缺省使用的 ext2 文件系统是非日志文件系统。这在关键行业的应用是一个致命的弱点。

ext3 文件系统是直接从 ext2 文件系统发展而来。ext3 文件系统非常稳定可靠。它完全兼容 ext2 文件系统。用户可以平稳地过渡到一个日志功能健全的文件系统中来。这实际上也是 ext3 日志文件系统初始设计的初衷。

3.4 分区类型

硬盘分区之后，会形成 3 种形式的分区状态，即主分区、扩展分区和逻辑分区。

1. 主分区

主分区是一个比较单纯的分区，通常位于硬盘的最前面一块区域中，构成逻辑 C 磁盘。其中的主引导程序是它的一部分，此段程序主要用于检测硬盘分区的正确性，并确定活动分区，负责把引导权移交给活动分区的 DOS 或其他操作系统。此段程序损坏将无法从硬盘引导，但从软驱或光驱引导之后可对硬盘进行读写。

2. 扩展分区

扩展分区的概念是比较复杂的，极容易造成硬盘分区与逻辑磁盘混淆。严格地讲，它不是一个实际意义的分区，仅仅是一个指向下一个分区的指针，这种指针结构形成一个单向链表，这样在主引导扇区中除了主分区外，仅需要存储一个成为扩展分区的分区数据，通过这个扩展分区的数据可以找到下一个分区的起始位置，以此起始位置类推可以找到所有的分区。

3. 逻辑分区

即主分区以外的其他逻辑磁盘。只有在建立了扩展分区的基础上才能建立逻辑分区，而扩展分区的损坏将直接导致逻辑分区丢失。理论上，一个硬盘最多可分为 24 个区（即从 C 区到 Z 区）。

3.5 实训：进行磁盘系统分区

操作系统安装好了，我们能够通过操作系统顺利地控制和使用各项硬件设备。但是，刚刚装好的计算机只有一个 C 盘，并不能够完全满足自己对于文件的管理和操作。我们还需要掌握磁盘分区的相关操作，以便更好地管理自己的文件系统。

下面以 Win7 为例，介绍如何在操作系统中对磁盘创建一个新的分区。

（1）点击"开始"按钮，并右键单击"计算机"，打开如图 3 - 1 所示界面。

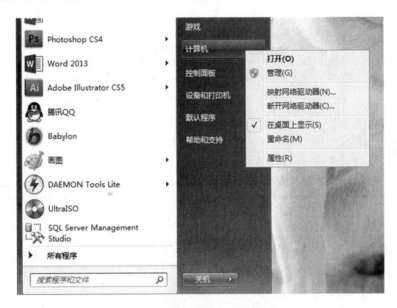

图 3 - 1 "计算机"选择界面

（2）在弹出的界面中选择"管理"标签，此时会打开如图 3 - 2 所示的"计算机管理"窗口。

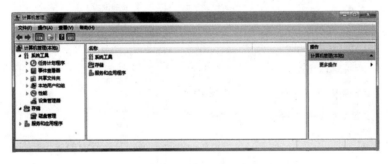

图 3 - 2 计算机管理窗口

（3）点击"存储"下的"磁盘管理"，打开如图3－3所示的界面。

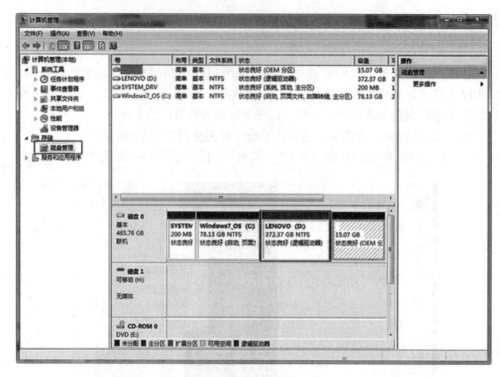

图3－3　计算机磁盘管理界面

（4）右键单击选择要压缩的磁盘（以选择D盘为例），选择"压缩卷"，如图3－4所示。

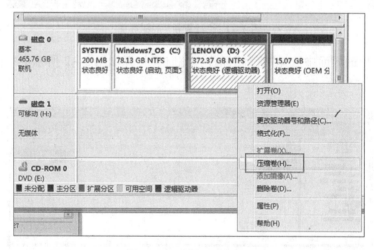

图3－4　选择"压缩卷"

(5)待计算机计算完毕后，会弹出"压缩 D:"对话框，如图 3-5 所示。

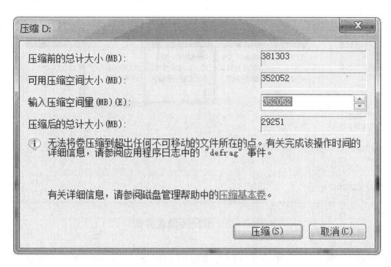

图 3-5　"压缩 D:"对话框

(6)在输入压缩空间量(MB)里填写要压缩出的空间量，如果要压缩出 50G，就填写 50×1024，即输入 51200，如图 3-6 所示。

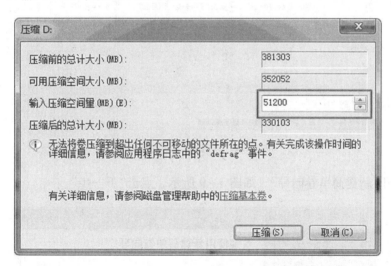

图 3-6　输入"压缩"空间量

（7）点击"压缩"按钮，压缩后会发现多出一块，未分区磁盘（绿色分区），如图3－7所示。

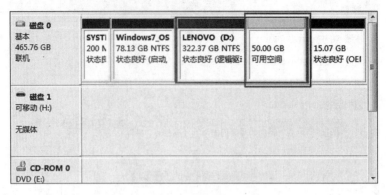

图3－7　未分区磁盘界面

（8）在未分区区域，右键单击，选择"新建简单卷"，如图3－8所示。

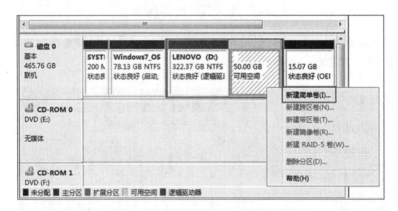

图3－8　选择"新建简单卷"

（9）打开"新建简单卷向导"，如图3－9所示，点击"下一步"。

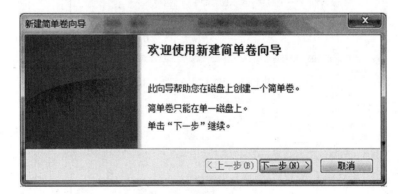

图3－9　新建简单卷向导

（10）如图 3 - 10 所示，在"新建简单卷向导"中的"简单卷大小"里填写要新建磁盘的大小，然后点击"下一步"。

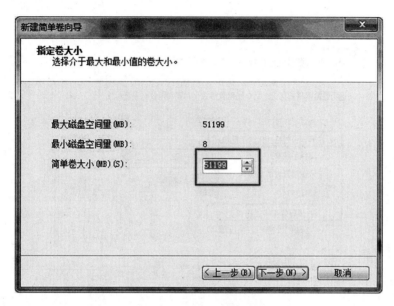

图 3 - 10 指定新建卷大小

（11）在打开的"新建简单卷向导"对话框中选择驱动器磁盘号，如图 3 - 11 所示，也就是给这个区起个名字，这里用"H"为例，然后点击"下一步"。

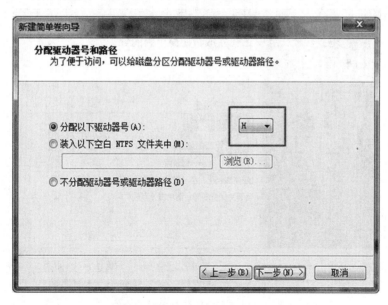

图 3 - 11 分配新建驱动器号和路径

（12）在打开的"新建简单卷向导"对话框中选择文件系统格式，如图 3 - 12 所示，然后在"执行快速格式化"前打钩，再点击"下一步"。

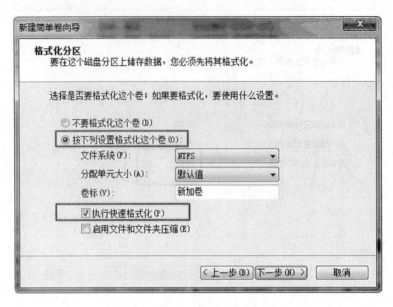

图 3 - 12　格式化新建分区设置

（13）在打开的"新建简单卷向导"对话框中点击"完成"按钮，新建磁盘完成！如图 3 - 13 所示。

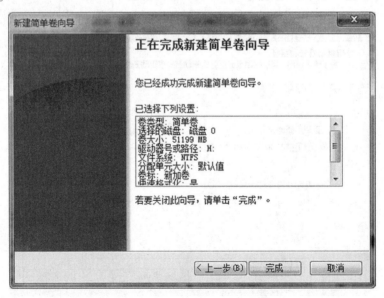

图 3 - 13　完成新建简单卷的操作

（14）此时，"计算机管理"界面中，原来绿色的未分区磁盘，变为蓝色，且名称为"新加卷（H：）"，计算机界面中也已经有了这个"新加卷（H：）"，如图3-14所示。

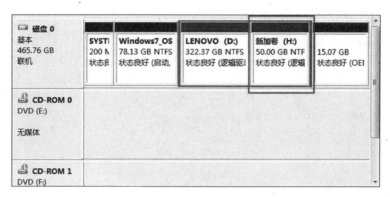

图3-14　新建卷完成界面

第二篇　互联网应用技术

4　计算机网络

随着计算机网络技术的发展，特别是因特网在全球范围内的迅速普及，计算机网络突破了人们在以往信息交流的时空限制，已经成为人们获取信息、交换信息的重要途径和不可缺少的工具，对社会的发展、经济结构及人们日常生活方式产生了深刻的影响与冲击。在使用计算机网络的同时，也要系统地学习计算机网络的基础知识，了解计算机网络运行的基本机制、基本技术和实现原理，对计算机网络要有整体的概念与理解，在具体网络应用实践中，不仅知道"怎么做"，更要知道"为什么"。

4.1　计算机网络概述

计算机网络是计算机技术与通信技术相结合的产物，它实现了远程通信、远程信息处理和资源共享等。计算机网络的发展缩短了人际交往的距离，给人们的日常生活带来了极大的便利。在现实生活中，人们时刻都在与网络打交道。

4.1.1　计算机网络的定义

所谓计算机网络就是将分布在不同地理位置上的具有独立工作能力的计算机、终端及其附属设备用通信设备和通信线路连接起来，在网络协议和软件的支持下，以实现数据通信和计算机资源共享的系统。

4.1.2　计算机网络的功能

计算机网络是计算机技术和通信技术紧密结合的产物。它不仅使计算机的作用范围打破了地理位置的限制，而且大大增强了计算机本身的能力。计算机网络具有单个计算机所不具备的很多功能，主要如下：

1. 资源共享

网络的主要功能就是资源共享。共享的资源包括软件资源、硬件资源以及存储在公共数据库中的各类数据资源。网上用户能部分或全部地共享这些资源，使网络中的资源能够互通有无、分工协作，从而大大提高系统资源的利用率。

2. 快速传输信息

分布在不同地区的计算机系统，可以通过网络及时、高速地传递各种信息，交换数据，发送电子邮件，使人们之间的联系更加紧密。

3. 提高系统可靠性

在网络中，由于计算机之间是互相协作、互相备份的关系，在网络中采用一些备份的设备和一些负载调度、数据容错等技术，使得当网络中的某一部分出现故障时，网络中其他部分可以自动接替其任务。因此，与单机系统相比，计算机网络具有较高的可靠性。

4. 易于进行分布式信息处理

在网络中，还可以将一个比较大的问题或任务分解为若干个子问题或任务，分散到网络中不同的计算机上进行处理计算。这种分布处理能力在进行一些重大课题的研究开发时是卓有成效的。

5. 提高系统性能价格比，易于扩充，便于维护

计算机组成网络后，虽然增加了通信费用，但是由于资源共享，明显提高了整个系统的性能价格比，降低了系统的维护费用，并且易于扩充，方便系统维护。

4.1.3 计算机网络的发展

1969 年由美国国防部高级研究计划局主持研制的第一个远超分组交换网 ARPANET 的诞生，标志着计算机网络时代的开启。现在，计算机网络发展已经成为社会重要的信息基础设施。计算机网络的发展概括起来经历了如下四个阶段：

第一代：远程终端连机阶段。

远程终端连机诞生于 20 世纪 60 年代中期之前，是由一台大型计算机和若干台远程终端通过通信线路连接起来，组成联机系统，进行远程批处理业务。在这种方式下，用户使用终端设备把自己的要求通过通信线路传给远程的大型计算机，计算机经过处理后把结果再传给用户。

第二代：计算机网络阶段（局域网）。

20 世纪 60 年代中期至 70 年代，为了解决连机系统中的计算机既要承担通信工作，又要承担数据处理工作负担较重的问题，将分布在不同地区的多台计算机用通信线路连接起来，彼此交换数据、传递信息，而各个计算机又自成系统，能独立完成自己的业务工作。这种通信双方都是计算机系统的网络就是计算机网络。此后，广域网、局域网均得到迅速的发展。

第三代：计算机网络互联阶段（广域网、Internet）。

由于局域网覆盖的地理范围有限，为了更大范围内实现计算机资源的共享，将多种网络互联起来，形成规模更大的网络，这就是网络互联。1984 年国际标准化组织（ISO）公布了开放系统互联参考模型（OSI），实现了不同厂家生产的计算机之间的互联。

第四代：信息高速公路阶段（高速，多业务，大数据量）。

20 世纪 90 年代，人类进入了信息社会，信息产业已经成为一个国家的重要产业。1993 年，美国提出"国家信息基础设施"的 NII 计划，就是把分散的计算机资源通过高速通信网实现共享，提高国家的综合实力和人民的生活质量。这就是所谓的信息高速公路。由于局域网技术发展成熟，出现光纤及高速网络技术、多媒体网络、智能网络，整个网络就像一个对用户透明的大的计算机系统，发展为以 Internet 为代表的互联网。

4.1.4 计算机网络的分类

计算机网络技术发展迅猛，到目前为止，已经形成了各种不同规模、采用各种不同工作方式、适用于不同应用领域的网络形式。人们为了研究和表述问题方便起见，对网络进行了分类。

4.1.4.1 按地理覆盖范围分类

1. 局域网（Local Area Network，LAN）

局域网也称局部网（LAN），是在一个有限的地理范围内（十几公里以内）将计算机、外部设备和网络互联设备连接在一起的网络系统，常用于一座大楼、一个学校或一个企业内。它的特点是：连接范围窄、用户数少、配置容易、连接速率高。常见的局域网有以太网（Ethernet）、令牌环网（Token Ring）、光纤分布式接口网（FDDI）、异步传输模式网（ATM）以及最新的无线局域网（WLAN）等。

2. 城域网（Metropolitan Area Network，MAN）

城域网（MAN），又称之为城市网、区域网、都市网。城域网是在一个城市或地区范围内连接起来的网络系统，距离通常在几十公里之内。城域网与局域网相比扩展的距离更长，连接的计算机数量更多，在地理范围上可以说是局域网网络的延伸。在一个大型城市或都市地区，一个城域网通常连接着多个局域网。如连接政府机构的局域网、医院的局域网、电信的局域网、公司企业的局域网等等。由于光纤连接的引入，使城域网中高速的局域网互联成为可能。

3. 广域网（Wide Area Network，WAN）

广域网（WAN），指的是实现计算机远距离连接的计算机网络，可以把众多的城域网、局域网连接起来，也可以把全球的区域网、局域网连接起来。它一般是在不同城市之间的局域网或者城域网的互联，地理范围可从几百公里到几千公里。因为距离较远，信息衰减比较严重，所以这种网络一般是要租用专线，通过 IMP（接口信息处理）协议和线路连接起来，构成网状结构，解决循径问题。广域网因为所连接的用户多，总出口带宽有限，所以用户的终端连接速率一般较低。

其实在现实生活中我们真正使用最多的还是局域网，因为它可大可小，无论在单位还是在家庭实现起来都比较容易，也是应用最广泛的一种网络。

4.1.4.2 按数据的传输方式分类

按信息在网络中的传输方式，可以将计算机网络分为广播式网络和点对点网络两类。

1. 广播式网络（Broadcasting Network）

网络中的计算机或设备使用一条共享的通信介质进行数据传播，网络中的所有节点都能收到任何节点发出的数据信息。常用于地理范围小、计算机数量较少的计算机网络。它的传输方式有 3 种：

（1）单播（unicast）：发送的信息中包含明确的目的地址，所有节点都检查该地址。

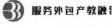
如果与自己的地址相同，则处理该信息，如果不同，则忽略。

（2）组播（multicast）：将信息传送给网络中部分节点。

（3）广播（broadcast）：在发送的信息中使用一个指定的代码标识目的地址，将信息发送给所有的目标节点。当使用这个指定代码传输信息时，所有节点都接收并处理该信息。

2. 点对点网络（Point to Point Network）

网络中的计算机或设备以点对点的方式进行数据传输，其中一台作为信息资源的发送地，另一台作为信息的目的地。由于两个节点间可能存在有很多网络节点或多条通信路径，容易出现最佳路径的选择问题。点对点网络常用于地理范围较大的网络，用于两个分处异地的网络之间的通信。广域网基本上都采用了点对点网络的数据传输方式。

以太网和令牌环网都属于广播网，而 ATM 和帧中继网都属于点对点网。

4.1.4.3 按网络组件的关系分类

1. 对等网络

对等网络的典型操作系统有 DOS、Windows 95/98。网络中的各计算机在功能上是平等的，没有客户机服务器之分，每台计算机既可以提供服务，又可以索取服务。它具有各计算机地位平等、网络配置简单、网络可管理性差等特点。

2. 客户机/服务器模式

这种模式的服务器只给予服务，不索取服务；客户机则是索求服务，不提供服务。它具有网络中计算机地位不平等、网络管理集中、便于网络管理、网络配置复杂等特点。

4.1.5 计算机网络的性能指标

计算机网络的性能指标可从不同的方面来度量计算机网络的性能。

1. 速率

速率指的是连接在计算机网络上的主机在数字信道上传送数据的速率，也称为数据率（data rate）或比特率（bit rate）。速率是计算机网络中最重要的一个性能指标。速率的单位是 bit/s（比特每秒）（即 bit per second）。现在人们常用更简单的并且是很不严格的记法来描述网络的速率，如 100M 以太网，它省略了单位中的 bit/s，意思是速率为 100Mbit/s 的以太网。

2. 带宽

带宽有以下两种不同的意义。

（1）带宽本来是指某个信号具有的频带宽度。信号的带宽是指该信号所包含的各种不同频率成分所占据的频率范围。例如，在传统的通信线路上传送的电话信号的标准带宽是 3.1kHz（从 300Hz 到 3.4kHz，即话音的主要成分的频率范围）。这种意义的带宽的单位是 Hz（或 kHz、MHz、GHz 等）。

（2）在计算机网络中，带宽用来表示网络的通信线路所能传送数据的能力，因此网络带宽表示在单位时间内从网络中的某一点到另一点所能通过的最高数据率。这种意义的带宽的单位是比特每秒（bit/s）。

3. 吞吐量

吞吐量表示在单位时间内通过某个网络（或信道、接口）的数据量。吞吐量更经常地用于对现实世界中的网络的一种测量，以便知道实际上到底有多少数据能够通过网络。显然，吞吐量受网络的带宽或网络的额定速率的限制。例如，对于一个100Mbit/s的以太网，其额定速率是100Mbit/s，那么这个数值也是该以太网的吞吐量的绝对上限值。因此，对100Mbit/s的以太网，其典型的吞吐量可能只有70Mbit/s。有时吞吐量还可用每秒传送的字节数或帧数来表示。

4. 时延

时延是指数据从网络的一端传送到另一端所需的时间。时延是个很重要的性能指标，它有时也称为延迟或迟延。网络中的时延是由以下几个不同的部分组成的。

（1）发送时延。发送时延是主机或路由器发送数据帧所需要的时间，也就是从发送数据帧的第一个比特算起，到该帧的最后一个比特发送完毕所需的时间。因此发送时延也叫作传输时延。

（2）传播时延。传播时延是电磁波在信道中传播一定的距离需要花费的时间。

（3）处理时延。主机或路由器在收到分组时要花费一定的时间进行处理，例如分析分组的首部，从分组中提取数据部分，进行差错检验或查找适当的路由等，这就产生了处理时延。

（4）排队时延。分组在经过网络传输时，要经过许多的路由器。但分组在进入路由器后要先在输入列列中排队等待处理。在路由器确定了转发接口后，还要在输出队列中排队等待转发。这就产生了排队时延。

数据在网络中经历的总时延就是以上四种时延之和：

总时延 = 发送时延 + 传播时延 + 处理时延 + 排队时延

5. 利用率

利用率有信道利用率和网络利用率两种。信道利用率指某信道有百分之几的时间是被利用的（有数据通过）。完全空闲的信道的利用率是零。网络利用率是全网络的信道利用率的加权平均值。需要注意的是，信道的利用率不是越大越好，这是因为当信道利用率增大时，信道的时延也会迅速增加。

4.1.6 计算机网络的拓扑结构

网络的拓扑结构是由网络节点设备和通信介质构成的网络结构图。在计算机网络中，以计算机作为节点、通信线路作为连线，可构成不同的几何图形，也就是网络的拓扑结构。拓扑结构往往与传输介质和介质访问控制方法密切相关。它影响着整个网络的设计、功能以及费用等各个方面，是计算机网络应用研究的重要环节。

1. 星型拓扑结构

星型拓扑结构是最古老的一种连接方式,大家每天都使用的电话属于这种结构。星型拓扑结构是指各工作站以星型方式连接成网。网络有中央节点,其他节点(工作站、服务器)都与中央节点直接相连,如图4-1所示。这种结构以中央节点为中心,因此又称为集中式网络。

这种结构便于集中控制,因为端用户之间的通信必须经过中心站。这一特点也使其具有易于维护和安全等优点。端用户设备因为故障而停机时也不会影响其他端用户间的通信。同时它的网络延迟时间较小,传输误差较低。但这种结构的缺点是,中心系统必须具有极高的可靠性,中心系统一旦损坏,整个系统便趋于瘫痪。因此,中心系统通常采用双机热备份,以提高系统的可靠性。

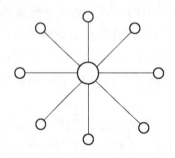
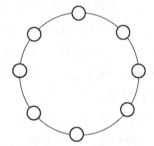

图4-1　星型拓扑结构　　　　　　图4-2　环型拓扑结构

2. 环型拓扑结构

环型拓扑结构在局域网中使用较多。这种结构的传输媒体从一个端用户到另一个端用户,直到将所有的端用户连成环型。数据在环路中沿着一个方向在各个节点间传输,信息从一个节点传到另一个节点,如图4-2所示。这种结构消除了端用户通信时对中心系统的依赖。

环型拓扑结构的特点是:每个端用户都与两个相邻的端用户相连,因而存在着点到点链路,但总是以单向方式操作,于是便有上游端用户和下游端用户之分。信息流在网中是沿着固定方向流动的,两个节点仅有一条道路,故简化了路径选择的控制;环路上各节点都是自主控制,故控制软件简单;由于信息源在环路中是串行地穿过各个节点,当环中节点过多时,势必影响信息传输速率,使网络的响应时间延长;环路是封闭的,不便于扩充;可靠性低,一个节点故障,将会造成全网瘫痪;维护难,对分支节点故障定位较难。

3. 总线拓扑结构

总线拓扑结构是使用同一媒体或电缆连接所有端用户的一种方式,连接端用户的物理媒体由所有设备共享,各工作站地位平等,无中心节点控制,公用总线上的信息多以基带形式串行传递,其传递方向总是从发送信息的节点开始向两端扩散,如同广播电台发射的信息一样,因此又称广播式计算机网络,如图4-3所示。各节点在接收信息时都进行地址检查,看是否与自己的工作站地址相符,相符则接收网上的信息。

这种结构具有费用低、数据端用户入网灵活、站点或某个端用户失效不影响其他站点或端用户通信的优点。缺点是一次仅能为一个端用户发送数据，其他端用户必须等待获得发送权；媒体访问获取机制较复杂；维护难，分支节点故障查找难。尽管有上述缺点，但由于布线要求简单，扩充容易，端用户失效、增删不影响全网工作，所以是 LAN 技术中使用最普遍的一种。

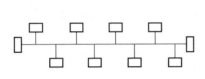

图 4-3　总线拓扑结构

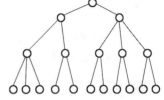

图 4-4　树型拓扑结构

4. 树型拓扑结构

树型拓扑结构是星型拓扑结构的扩展，或者说多级的星型拓扑结构就组成了树型拓扑结构，如图 4-4 所示。树型拓扑结构是分级的集中控制式网络，与星型拓扑结构相比，它的通信线路总长度短，成本较低，节点易于扩充，寻找路径比较方便，但除了叶节点及其相连的线路外，任一节点或其相连的线路故障都会使系统受到影响。

5. 网状拓扑结构

网状拓扑结构是一种不规则的网络结构，主要用于主干网，如图 4-5 所示。在网状拓扑结构中，网络的每台设备之间均有点到点的链路连接，这种连接不经济，只有每个站点都要频繁发送信息时才使用这种方式。它的安装也复杂，但系统可靠性高，容错能力强。

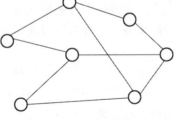

图 4-5　网状拓扑结构

6. 混合拓扑结构

混合拓扑结构是由星型拓扑结构或环型拓扑结构和总线拓扑结构结合在一起的网络结构，这样的拓扑结构更能满足较大网络的拓展，解决星型网络在传输距离上的局限，而同时又解决了总线网络在连接用户数量上的限制。

混合拓扑结构的优点：应用相当广泛，它解决了星型和总线型拓扑结构的不足，满足了大公司组网的实际需求，扩展相当灵活，速度较快（因为其骨干网采用高速的同轴电缆或光缆，所以整个网络在速度上不受太多的限制）。缺点是：由于仍采用广播式的消息传送方式，所以在总线长度和节点数量上也会受到限制；具有总线型网络结构的网络速率会随着用户的增多而下降的弱点；较难维护，这主要受到总线型网络拓扑结构的制约，如果总线断，则整个网络也就瘫痪了。

4.2 计算机网络体系结构

计算机网络是一个复杂的具有综合性技术的系统，它是通过通信信道和设备互连起来的多个不同地理位置的计算机系统，要使其能协同工作实现信息交换和资源共享，它们之间必须具有共同的语言。交流什么、怎样交流以及何时交流，都必须遵循某种互相都能接受的规则，这些规则的集合称为协议（Protocol）。

4.2.1 网络协议

网络协议是在网络中进行相互通信时需遵守的规则，只有遵守这些规则才能实现网络通信。常见的协议有 TCT/IP 协议、IPX/SPX 协议、NetBEUI 协议等。

网络协议有以下三个要素：

（1）语法（syntax）：包括数据格式、编码及信号电平等。

（2）语义（semantics）：包括用于协议和差错处理的控制信息。

（3）定时（timing）：包括速度匹配和排序。

4.2.2 计算机网络体系结构

计算机网络系统是一个十分复杂的系统。将一个复杂系统分解为若干个容易处理的子系统，然后"分而治之"，这种结构化设计方法是工程设计中常见的手段。分层就是系统分解的最好的方法之一。

计算机网络体系结构可以定义为网络协议的层次划分与各层协议的集合，同一层中的协议根据该层所要实现的功能来确定。各对等层之间的协议功能由相应的底层提供服务完成。

层次结构一般以垂直分层模型来表示，层次化的网络体系的优点在于每层实现相对独立的功能，层与层之间通过接口来提供服务，每一层都对上层屏蔽如何实现协议的具体细节，使网络体系结构与具体物理实现无关。层次结构允许连接到网络的主机和终端型号、性能可以不一致，但只要遵守相同的协议即可以实现互操作。高层用户可以从具有相同功能的协议层开始进行互连，使网络成为开放式系统。这里开放指按照相同协议任意两系统之间可以进行通信，因此层次结构便于系统的实现，便于系统的维护。

对于不同系统实体间互连互操作这样一个复杂的工程设计问题，如果不采用分层次分解处理，则会产生由于任何错误或性能修改而影响整体设计的弊端。

相邻协议层之间的接口包括两相邻协议层之间所有调用和服务的集合。服务是第 i 层向相邻高层提供服务，调用是相邻高层通过原语或过程调用相邻低层的服务。

对等层之间进行通信时，数据传送方式并不是由第 i 层发方直接发送到第 i 层收方。而是每一层都把数据和控制信息组成的报文分组传输到它的相邻低层，直到物理传输介质。接收时，则是每一层从它的相邻低层接收相应的分组数据，在去掉与本层有关的控制信息后，将有效数据传送给其相邻上层。

4.2.3 OSI 基本参考模型

国际标准化组织 ISO(International Standards Organization)在 20 世纪 80 年代提出开放系统互联参考模型 OSI(Open System Interconnection)，这个模型将计算机网络通信协议分为七层。

OSI 包括了体系结构、服务定义和协议规范三级抽象。OSI 的体系结构定义了一个 7 层模型，用以进行进程间的通信，并作为一个框架来协调各层标准的制定。OSI 的服务定义描述了各层所提供的服务，以及层与层之间的抽象接口和交互用的服务原语。OSI 各层的协议规范，精确定义了应当发送何种控制信息及何种过程来解释该控制信息。

OSI 参考模型用物理层、数据链路层、网络层、传输层、对话层、表示层和应用层七个层次描述网络的结构，它的规范对所有的厂商是开放的，具有指导国际网络结构和开放系统走向的作用。它直接影响总线、接口和网络的性能。OSI 模型是一个定义异构计算机连接标准的框架结构，具有如下特点：

(1)网络中异构的每个节点均有相同的层次，相同层次具有相同的功能。

(2)同一节点内相邻层次之间通过接口通信。

(3)相邻层次间接口定义原语操作，由低层向高层提供服务。

(4)不同节点的相同层次之间的通信由该层次的协议管理。

(5)每层次完成对该层所定义的功能，修改本层次功能不影响其他层。

(6)仅在最低层进行直接数据传送。

(7)定义的是抽象结构，并非具体实现的描述。

在 OSI 网络体系结构中，除了物理层之外，网络中数据的实际传输方向是垂直的。数据由用户发送进程发送给应用层，向下经表示层、会话层等到达物理层，再经传输媒体传到接收端，由接收端物理层接收；向上经数据链路层等到达应用层，再由用户获取。数据在由发送进程交给应用层时，由应用层加上该层有关控制和识别信息，再向下传送，这一过程一直重复到物理层。在接收端信息向上传递时，各层的有关控制和识别信息被逐层剥去，最后数据送到接收进程。

现在一般在制定网络协议和标准时，都把 ISO/OSI 参考模型作为参照基准，并说明与该参照基准的对应关系。例如，在 IEEE802 局域网 LAN 标准中，只定义了物理层和数据链路层，并且增强了数据链路层的功能。在广域网 WAN 协议中，CCITT 的 X.25 建议包含了物理层、数据链路层和网络层三层协议。一般来说，网络的低层协议决定了一个网络系统的传输特性，如所采用的传输介质、拓扑结构及介质访问控制方法等，这些通常由硬件来实现；网络的高层协议则提供了与网络硬件结构无关的、更加完善的网络服务和应用环境，这些通常是由网络操作系统来实现的。

4.2.4 TCP/IP 参考模型

TCP/IP 参考模型是计算机网络的鼻祖 ARPANET 和其后继的因特网使用的参考模型。TCP/IP 是一组用于实现网络互联的通信协议。Internet 网络体系结构以 TCP/IP 为核心。基于 TCP/IP 的参考模型将协议分成四个层次，它们分别是网络访问层、网际互联层、传输层(主机到主机)和应用层。

1. 应用层

应用层对应于 OSI 参考模型的高层，为用户提供所需要的各种服务，如 FTP、Telnet、DNS、SMTP 等。

2. 传输层

传输层对应于 OSI 参考模型的传输层，为应用层实体提供端到端的通信功能，保证了数据包的顺序传送及数据的完整性。该层定义了两个主要的协议：传输控制协议(TCP)和用户数据报协议(UDP)。

TCP 协议提供的是一种可靠的、通过"三次握手"来连接的数据传输服务；而 UDP 协议提供的则是不保证可靠的(并不是不可靠)、无连接的数据传输服务。

3. 网际互联层

网际互联层对应于 OSI 参考模型的网络层，主要解决主机到主机的通信问题。它所包含的协议设计数据包在整个网络上的逻辑传输。注重重新赋予主机一个 IP 地址来完成对主机的寻址，它还负责数据包在多种网络中的路由。该层有三个主要协议：网际协议(IP)、互联网组管理协议(IGMP)和互联网控制报文协议(ICMP)。

IP 协议是网际互联层最重要的协议，它提供的是一个可靠、无连接的数据包传递服务。

4. 网络接入层

网络接入层(即主机 – 网络层)与 OSI 参考模型中的物理层和数据链路层相对应。它负责监视数据在主机和网络之间的交换。事实上，TCP/IP 本身并未定义该层的协议，而由参与互联的各网络使用自己的物理层和数据链路层协议，然后与 TCP/IP 的网络接入层进行连接。地址解析协议(ARP)工作在此层，即 OSI 参考模型的数据链路层。

4.2.5 模型比较

OSI 参考模型和 TCP/IP 参考模型的共同点：

(1) OSI 参考模型和 TCP/IP 参考模型都采用了层次结构的概念。

(2) 都能够提供面向连接和无连接两种通信服务机制。

OSI 参考模型和 TCP/IP 参考模型的不同点：

(1) OSI 采用的是七层模型，而 TCP/IP 采用的是四层结构。

(2) TCP/IP 参考模型的网络接口层实际上并没有真正的定义，只是一些概念性的描述。而 OSI 参考模型不仅分了两层，而且每一层的功能都很详尽，甚至在数据链路层又分出一个介质访问子层，专门解决局域网的共享介质问题。

(3) OSI 模型是在协议开发前设计的，具有通用性。TCP/IP 是先有协议集然后建立模型，不适用于非 TCP/IP 网络。

(4) OSI 参考模型与 TCP/IP 参考模型的传输层功能基本相似，都是负责为用户提供真正的端对端的通信服务，也对高层屏蔽了底层网络的实现细节。所不同的是 TCP/IP 参考模型的传输层是建立在网络互联层基础之上的，而网络互联层只提供无连接的网络服务，所以面向连接的功能完全在 TCP 协议中实现；当然 TCP/IP 的传输层还提供无连接的服务，如 UDP。而 OSI 参考模型的传输层是建立在网络层基础之上的，网络层既提供面向连接的服务，又提供无连接的服务，但传输层只提供面向连接的服务。

（5）OSI 参考模型的抽象能力高，适合描述各种网络；而 TCP/IP 是先有了协议，才制定 TCP/IP 模型的。

（6）OSI 参考模型的概念划分清晰，但过于复杂；而 TCP/IP 参考模型在服务、接口和协议的区别上不清楚，功能描述和实现细节混在一起。

（7）TCP/IP 参考模型的网络接口层并不是真正的一层；OSI 参考模型的缺点是层次过多，划分意义不大但增加了复杂性。

（8）OSI 参考模型虽然被看好，但由于技术不成熟，实现困难；相反，TCP/IP 参考模型虽然有许多不尽人意的地方，但还是比较成功的。

4.3 实训：网络连接

计算机中的软硬件都安装好了，如何获得更多的资源，充分发挥计算机的作用呢？这离不开互联网。以下介绍如何将计算机连接到互联网中。

4.3.1 建立宽带连接

刚安装好的 Windows 7 系统是不能直接上网的，需要建立宽带连接来进行联网。具体步骤如下：

（1）单击的右下角网络连接图标，如图 4－6 所示，点击"打开网络和共享中心"。

图 4－6　打开网络和共享中心

（2）在弹出的界面的"更改网络设置"中单击"设置新的连接或网络"，如图4－7所示。

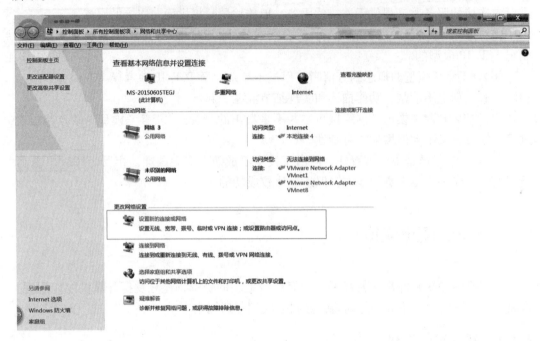

图4－7　网络和共享中心界面

（3）选择一个连接选项：我们所处的是家庭网络，所以选中的是"连接到 Internet"，如图4－8所示，单击"下一步"。

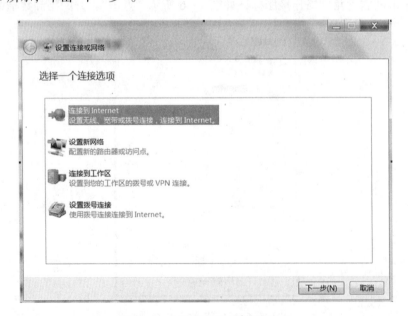

图4－8　"设置连接或网络"界面

（4）在"想如何连接"界面下单击"宽带（PPPoE）"按钮，如图4-9所示。

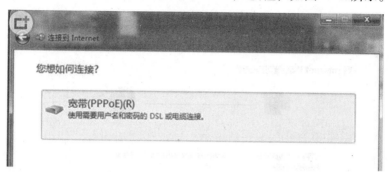

图4-9 "连接到Internet"界面

（5）在此界面输入网络运营商提供的"用户名"和"密码"，并将"记住此密码"打钩，如图4-10所示，然后单击"连接"按钮。

图4-10 输入网络运营商提供的信息

（6）这时系统创建宽带连接和连接互联网，如图4-11所示。

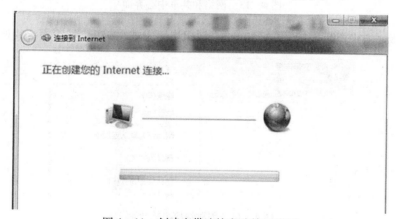

图4-11 创建宽带连接和连接互联网

（7）成功连接上后单击"关闭"按钮即可，如图4-12所示。

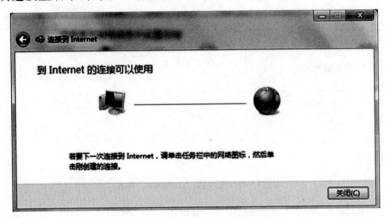

图4-12　创建宽带连接成功界面

（8）单击如图4-13所示的"网络和共享中心"界面的"更改适配器设置"。

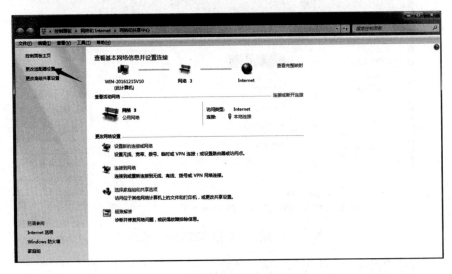

图4-13　网络和共享中心界面

（9）鼠标右击"宽带连接"图标，单击"创建快捷方式"按钮，如图4-14所示。

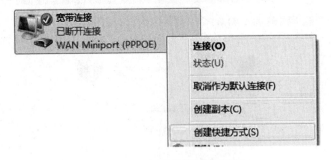

图4-14　创建快捷方式界面

（10）弹出"Windows 无法在当前位置创建快捷方式。要把快捷方式放在桌面上吗?"的提示对话框，如图 4 – 15 所示，单击"是"按钮。

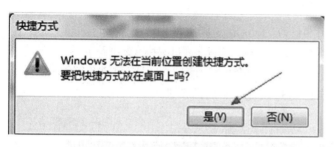

图 4 – 15　快捷方式提示对话框

图 4 – 16　宽带连接快捷方式

（11）桌面上创建出宽带连接的快捷方式图标，如图 4 – 16 所示。

4.3.2　建立 WiFi 热点

我们可以利用有无线网卡的 Win7 系统笔记本建立 WiFi 热点，设置完毕后，只要是支持 WiFi 的设备都可以使用自己的网络账号遨游网络世界。

（1）在桌面按住 windows + R 调出"运行"界面，在输入框中输入"cmd"后回车确认，如图 4 – 17 所示；确认后将弹出如图 4 – 18 所示的管理员界面。

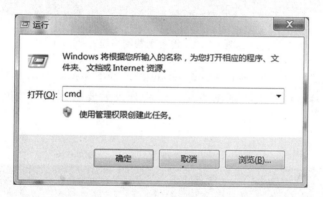

图 4 – 17　"运行"对话框

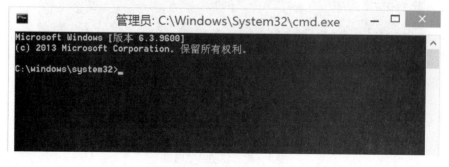

图 4 – 18　程序管理员界面

（2）在弹出的窗口输入"netsh wlan set hostednetwork mode = allow ssid = huaruan key = 12345678"，如图4－19所示。

此命令有三个参数：

mode：是否启用虚拟WiFi网卡，改为disallow则为禁用。

ssid：无线网名称，最好用英文（以huaruan为例，可以用任意字符）。

key：无线网密码，八个以上字符（以12345678为例，可以使用任意字符）。

ssid和key这两个参数可以自己随意设置，然后回车进入。

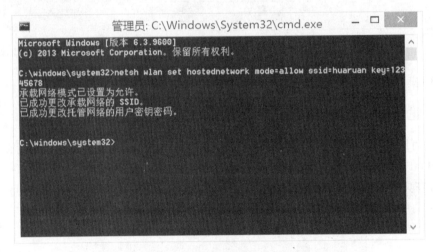

图4－19　设置承载网络模式

（3）继续输入"netsh wlan start hostednetwork"，如图4－20所示，然后回车进入。

将start改为stop即可关闭该无线网，以后开机后要启用该无线网只需再次运行此命令即可。

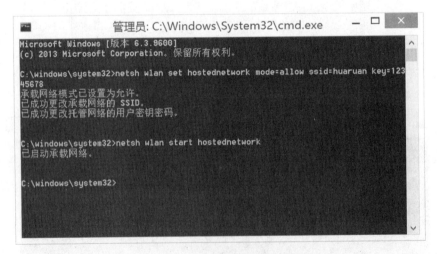

图4－20　启动承载网络

　计　算　机　网　络

（4）开启成功后，网络连接中会多出一个网卡为"Microsoft Virtual WiFi Miniport Adapter"的无线连接2，为方便起见，可以将其重命名为huaruan。有时候，在Win7系统中，可能找不到网络连接，在"控制面板"→"网络和Internet"→"网络和共享中心"点左边的"更改适配器设置"，可以看到如图4－21所示的网络连接。在这里，我们看到此时的网络访问类型是"无法连接到网络"。

图4－21　"网络和共享中心"界面

（5）在"网络连接"窗口中，右键单击已连接到Internet的网络连接，选择"属性"→"共享"，打开如图4－22所示的属性对话框，勾选"允许其他网络用户通过此计算机的Internet连接来连接（N）"并选择合适的家庭网络连接。确定之后，提供共享的网卡图标旁会出现"共享的"字样，表示宽带连接已共享至huaruan。

至此，WiFi基站已组建好，主机设置完毕。笔记本、带WiFi模块的手机等子机搜索到无线网络huaruan，输入密码12345678，就能共享上网了！

图4－22　"本地连接属性"对话框

5 Internet 应用基础

因特网(Internet)作为当今世界最大的计算机网络，正改变着人们的生活和工作方式，在这个完全信息化的时代，人们必须学会在网络环境下使用计算机，通过网络进行交流、获取信息。

5.1 Internet 的起源与发展

Internet 是在美国早期的军用计算机网 ARPANET(阿帕网)的基础上经过不断发展变化而形成的。Internet 的起源主要可分为以下几个阶段。

5.1.1 Internet 的雏形阶段

1969 年，美国国防部高级研究计划局(Advance Research Projects Agency，ARPA)开始建立一个命名为 ARPANET 的网络。当时建立这个网络的目的是出于军事需要，计划建立一个计算机网络，当网络中的一部分被破坏时，其余网络部分会很快建立起新的联系。人们普遍认为这就是 Internet 的雏形。

5.1.2 Internet 的发展阶段

美国国家科学基金会(National Science Foundation，NSF)在 1985 开始建立计算机网络 NSFNET。NSF 建立了 15 个超级计算机中心及国家教育科研网，用于支持科研和教育的全国性规模的 NSFNET，并以此作为基础，实现同其他网络的连接。NSFNET 成为 Internet 上主要用于科研和教育的主干部分，代替了 ARPANET 的骨干地位。1989 年 MILNET(由 ARPANET 分离出来)实现和 NSFNET 连接后，就开始采用 Internet 这个名称。自此以后，其他部门的计算机网络相继并入 Internet，ARPANET 就此解散。

5.1.3 Internet 的商业化阶段

1995 年，NSF 被撤销，美国的商业财团接管了 Internet 的架构，商业机构进入 Internet，使 Internet 开始了商业化新进程，成为 Internet 大发展的强大推动力。今天的 Internet 已不再是计算机人员和军事部门进行科研的领域，而是变成了一个覆盖全球的信息海洋，Internet 已经覆盖了社会生活的各个领域，构成了一个信息社会的缩影。

5.2　Internet 的应用

（1）收发电子邮件。这是最早也是最广泛的网络应用。由于其低廉的费用和快捷方便的特点，缩短了人与人之间的空间距离。不论身在异国他乡与朋友进行信息交流，还是联络工作，都如同与隔壁的邻居聊天一样容易，地球村的说法不无道理。

（2）网络的广泛应用创造一种数字化的生活与工作方式，叫作 SOHO（小型家庭办公室）方式。家庭将不再仅仅是人类社会生活的一个孤立单位，而是信息社会中充满活力的细胞。

（3）上网浏览或冲浪。这是网络提供的最基本的服务项目。你可以访问网上的任何网站，根据你的兴趣在网上畅游，能够足不出户尽知天下事。

（4）查询信息。网络是全世界最大的资料库，可以利用一些供查询信息的搜索引擎从浩如烟海的信息库中找到你所需要的信息。随着我国政府上网工程的发展，人们日常生活的一些事务也可以在网络上完成。

（5）电子商务。电子商务就是消费者借助网络进入网络购物站点进行消费的行为。网络上的购物站点是建立在虚拟的数字化空间里，它借助 Web 来展示商品，并利用多媒体特性来加强商品的可视性、选择性。

网络购物不会取代传统的购物方式，而只是传统购物方式的一种补充。它已经实实在在地来到了我们身边，为我们的生活增加了一种选择。

（6）丰富人们的闲暇生活方式。闲暇活动即非职业劳动的活动，包括消遣娱乐型活动，如欣赏音乐、看电影、电视、跳舞、参加体育活动；发展型活动，如学习文化知识、参加社会活动、从事艺术创造和科学发明活动等。与网络有直接关系的闲暇生活一般包括闲暇教育、闲暇娱乐和闲暇交往。

（7）网络寻呼机和移动互联网等越来越普遍地应用于人们的生活之中，每个人都可以通过上网结交世界各地的网上朋友，相互交流思想，真的能做到"海内存知己，天涯若比邻"。

（8）其他应用。现实世界中人类活动的网络版俯拾即是，如网上点播、网上炒股、网上求职、艺术展览等。

5.3　Internet 提供的资源与服务

当你进入 Internet 后就可以利用其中各个网络和各种计算机上无穷无尽的资源，同世界各地的人们自由通信和交换信息，享受 Internet 为我们提供的各种服务。

1. Internet 提供了高级浏览 WWW 服务

WWW 也叫作 Web，是我们登录 Internet 后最常用的 Internet 的功能。人们连入 Internet 后，有一半以上的时间都是在与各种各样的 Web 页面打交道。在基于 Web 方式下，我们可以浏览、搜索、查询各种信息，可以发布自己的信息，可以与他人进行实时或者非实时的交流，可以打游戏、娱乐、购物等等。

2. Internet 提供了电子邮件 E-mail 服务

电子邮件或称为 E-mail 系统是人们使用最多的网络通信工具，已成为倍受欢迎的通信方式。你可以通过 E-mail 系统同世界上任何地方的朋友交换电子邮件。不论对方在哪个地方，只要他也可以连入 Internet，那么你发送的信只需要几分钟就可以到达对方的手中了。

3. Internet 提供了远程登录 Telnet 服务

远程登录就是通过 Internet 进入和使用远程计算机系统，就像使用本地计算机一样。远端的计算机可以在同一间屋子里，也可以远在数千公里之外。它使用的工具是 Telnet。它在接到远程登录的请求后，就试图把你所在的计算机同远端计算机连接起来。一旦连通，你的计算机就成为远端计算机的终端。你可以正式注册(login)进入系统成为合法用户，执行操作命令，提交作业，使用系统资源。在完成操作任务后，通过注销(logout)退出远端计算机系统，同时也退出 Telnet。

4. Internet 提供了文件传输 FTP 服务

FTP(文件传输协议)是 Internet 最早使用的文件传输程序。它同 Telnet 一样，使用户能登录到连入 Internet 的一台远程计算机，把其中的文件传送回自己的计算机系统，或者反过来，把本地计算机上的文件传送并装载到远方的计算机系统。利用这个协议，我们就可以下载免费软件，或者上传自己的主页了！

5.4　Internet 协议

Internet 协议是一个协议簇的总称，其本身并不是任何协议。一般有文件传输协议、电子邮件协议、超文本传输协议、通信协议等。Internet 包含了 100 多个协议，用来将各种计算机和数据通信设备组成计算机网络。TCP/IP 协议是 Internet 系列协议中的两个基本协议，也是 Internet 采用的协议标准，由于它们是最基本、最重要的协议，所以通常用 TCP/IP 来代表整个 Internet 协议系列。

(1)TCP(Transmission Control Protocol 传输控制协议)是一种面向连接的、可靠的、基于字节流的传输层通信协议，主要用来解决数据的传输和通信的可靠性。TCP 负责将数据从发送方正确地传送到接收方，是端对端的数据流传送。

(2)IP(Internet Protocol 网际协议)负责将数据单元从一个节点传送到另一个节点。用于将多个包交换网络连接起来，它在源地址和目的地址之间传送一种称之为数据包的东西，它还提供对数据大小的重新组装功能，以适应不同网络对包大小的要求。

5.5　IP 地址与域名系统

正确地标识网络上的每台机器是保证信息数据正确传输的前提，在 TCP/IP 协议里是通过为机器分配唯一的一个 IP 地址来实现的。需要强调指出的是，这里的机器是指网络上的一个节点，不仅仅指的是一台计算机，同时也包括各种网络通信设备，如路由器和交换机等。这样确保可以在 Internet 上正确地将数据信息传送到目的地，从而保证 Internet 成为向全球开放互联的数据通信系统。在 Internet 中，标识每一台主机既可以通过域名也可以通过 IP 地址。

5.5.1　IP 地址

IP 地址是指互联网协议地址（Internet Protocol Address，又译为网际协议地址），是 IP Address 的缩写。IP 地址是 IP 协议提供的一种统一的地址格式，它为互联网上的每一个网络和每一台主机分配一个逻辑地址，以此来屏蔽物理地址的差异。

Internet 上的每台主机（Host）都有一个唯一的 IP 地址。IP 协议就是使用这个地址在主机之间传递信息，这是 Internet 能够运行的基础。IP 地址的长度为 32 位（共有 2^{32} 个 IP 地址），分为 4 段，每段 8 位，用十进制数字表示，每段数字范围为 0 ~ 255，段与段之间用句点隔开。例如，159. 226. 1. 1。

最初设计互联网络时，为了便于寻址以及层次化构造网络，每个 IP 地址包括两个标识码（ID），即网络 ID 和主机 ID。同一个物理网络上的所有主机都使用同一个网络 ID，网络上的一个主机（包括网络上工作站，服务器和路由器等）有一个主机 ID 与其对应。Internet 委员会定义了 5 种 IP 地址类型以适合不同容量的网络，即 A 类~E 类。

其中 A、B、C 三类（如表 5 – 1 所示）由 Internet NIC 在全球范围内统一分配，D、E 类为特殊地址。

表 5 – 1　三类 IP 地址

类别	最大网络数	IP 地址范围	最大主机数	私有 IP 地址范围
A	126（2^7-2）	0. 0. 0. 0 – 127. 255. 255. 255	16777214	10. 0. 0. 0 – 10. 255. 255. 255
B	16384（2^{14}）	128. 0. 0. 0 – 191. 255. 255. 255	65534	172. 16. 0. 0 – 172. 31. 255. 255
C	2097152（2^{21}）	192. 0. 0. 0 – 223. 255. 255. 255	254	192. 168. 0. 0 – 192. 168. 255. 255

TCP/IP 协议需要针对不同的网络进行不同的设置，且每个节点一般需要一个 IP 地址、一个子网掩码、一个默认网关。

常见的 IP 地址分为 IPv4 与 IPv6 两大类。IPv4 就是有 4 段数字，每一段最大不超过 255。由于互联网的蓬勃发展，IP 位址的需求量愈来愈大，2011 年 2 月 3 日 IPv4 位地址分配完毕，使得 IP 地址的发放愈趋严格。地址空间的不足必将妨碍互联网的进一步发展。为了扩大地址空间，拟通过 IPv6 重新定义地址空间。IPv6 采用 128 位地址长度。在 IPv6 的设计过程中除了一劳永逸地解决了地址短缺问题以外，还考虑了在 IPv4 中解决不好的其他问题。

5.5.2 域名系统

由于 IP 地址是数字标识，使用时难以记忆和书写，因此在 IP 地址的基础上又发展出一种符号化的地址方案，来代替数字型的 IP 地址。每一个符号化的地址都与特定的 IP 地址对应，这样网络上的资源访问起来就容易得多了。这个与网络上的数字型 IP 地址相对应的字符型地址称为域名。

域名就是上网单位的名称，是一个通过计算机登上网络的单位在该网中的地址。一个公司如果希望在网络上建立自己的主页，就必须取得一个域名，域名也是由若干部分组成，包括数字和字母。通过该地址，人们可以在网络上找到所需的详细资料。域名是上网单位和个人在网络上的重要标识，起着识别作用，便于他人识别和检索某一企业、组织或个人的信息资源，从而更好地实现网络上的资源共享。除了识别功能外，在虚拟环境下，域名还可以起到引导、宣传、代表等作用。

通俗地说，域名就相当于一个家庭的门牌号码，别人通过这个号码可以很容易找到你。

1. 域名命名规则

英文域名由各国文字的特定字符集、英文字母、数字及" － "（即连字符或减号）任意组合而成，但开头及结尾均不能含有" － "。域名中字母不分大小写。域名最长可达 67 个字节（包括后缀 .com 、.top、.net 、.org 等）。中文域名长度限制在 26 个合法字符（汉字，英文"a～z""A～Z"，数字"0～9"和" － "等均算一个字符）内。

域名的注册遵循先申请先注册原则，管理机构对申请人提出的域名是否违反了第三方的权利不进行任何实质性审查。同时，每一个域名的注册都是独一无二的，不可重复的。因此，在网络上，域名是一种相对有限的资源，它的价值将随着注册企业的增多而逐步为人们所重视。

2. 域名解析（domain name resolution，DNS）

注册了域名之后要想看到自己的网站内容，还需要进行"域名解析"。要知道，域名和网址并不是一回事，域名注册好之后，只说明你对这个域名拥有了使用权，如果不进行域名解析，那么这个域名就不能发挥它的作用。经过解析的域名可以用来作为电子邮箱的后缀，也可以用来作为网址访问自己的网站，因此域名投入使用的必备环节是"域名解析"。我们知道，域名是为了方便记忆而专门建立的一套地址转换系统，要访问一台互联网上的服务器，最终必须通过 IP 地址来实现，域名解析就是将域名重新转换为 IP 地址的过程。一个域名只能对应一个 IP 地址，而多个域名可以同时被解析到一个 IP 地址。

域名解析需要由专门的域名解析服务器（DNS）来完成。

域名解析服务器是把域名转换成主机所在 IP 地址的中介。通常上网的时候，输入一个域名地址，电脑会首先向 DNS 服务器搜索相对应的 IP 地址，服务器找到对应值之后，会把 IP 地址返回给你的浏览器，这时浏览器根据这个 IP 地址发出浏览请求，这样才完成了域名寻址的过程。操作系统会把你常用的域名 IP 地址对应值保存起来，当你浏览经常光顾的网站时，就可以直接从系统的 DNS 缓存里提取对应的 IP 地址，加快连线网站的速度。

5.6 实训：远程桌面连接

如果拥有多台电脑且分布在不同的地方，那么如何使用一台电脑对其他电脑进行控制呢？其实 Win7 系统自带了远程桌面连接功能。远程桌面指的是网络上由一台客户端远距离去控制服务端，一般内网的应用比较多，如果公司需要，外网远程访问公司服务端也是可以轻易实现的。

5.6.1 开放远程控制权限

（1）要在被控制（连接）的计算机上进行设置。使用鼠标右键单击"计算机"图标，选择"属性"，如图 5-1 所示。

图 5-1　属性选择界面

（2）在打开的"系统"窗口点击"远程设置"，如图 5-2 所示。

图 5-2　系统属性界面

(3)在弹出的系统属性中的"远程"选项窗口中选择"允许运行任意版本远程桌面的计算机连接"，如图 5-3 所示。

图 5-3　"系统属性"对话框

5.6.2　设置计算机账户密码

(1)进入"控制面板"，选择"用户账户和家庭安全"，如图 5-4 所示。

图 5 - 4   "控制面板"界面

（2）点击"用户账户和家庭安全"之后，打开"用户账户"界面，如图 5 - 5 所示。

图 5 - 5   用户账户和家庭安全界面

（3）点击"用户账户"，进行创建密码的设置。进入"用户账户"选项后，点击"为您的账户创建密码"选项，如图 5 - 6 所示。

图 5 - 6   用户账户界面

（4）在提示框中输入自己想要使用的密码后，点击"如何创建密码"按钮，如图 5 - 7 所示。

图 5 - 7　创建密码界面

被登录的计算机都需要设置账户密码才可以通过远程桌面来连接点击"用户账户"这个选项。

5.6.3　获取 IP 地址：ipconfig 命令的使用

（1）点击"开始"→"运行"，打开如图 5 - 8 所示的"运行"对话框。

图 5 - 8　"运行"对话框

（2）在对话框中敲入"cmd"然后回车，打开如图 5 - 9 所示的 MS - DOS 系统界面。

图 5 - 9　MS - DOS 系统界面

（3）在此界面中键入命令 ipconfig/all，如图 5 - 10 所示，即可在 MS - DOS 系统进行 IP 地址等选项的查询。

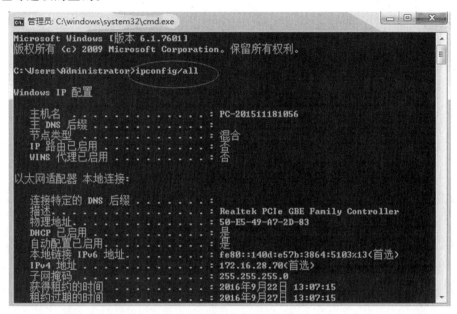

图 5 - 10　MS - DOS 系统命令结果显示

5.6.4　TCP/IP 属性设置登入局域网

（1）在桌面上，右键单击"网上邻居"，在弹出的菜单中选择"属性"，打开如图 5 - 11 所示界面。

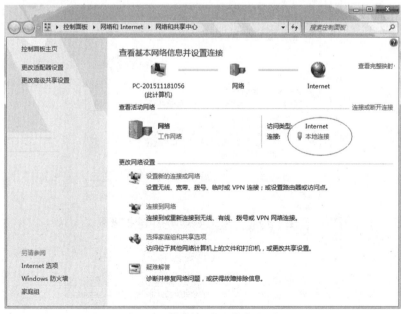

图 5 - 11　查看基本网络信息界面

（2）点击"本地连接"命令，打开如图5－12所示的"本地连接 状态"窗口，在此窗口中单击"属性"。

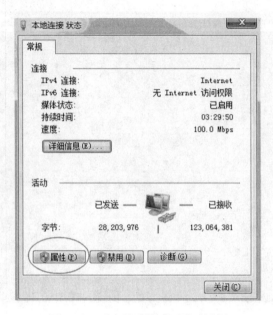

图5－12　"本地连接 状态"对话框

（3）进入如图5－13所示的"本地连接 属性"窗口以后，先选择"Internat 协议版本 4（TCP/IPv4）"，再点击"属性"按钮。

图5－13　"本地连接 属性"对话框

（4）在打开的"Internat 协议版本 4（TCP/IPv4）属性"对话框中，配置本机的 IP 地址和子网掩码（每个正式入网的用户都被网络中心分配给了一个合法 IP 地址，不同的用户拥有各自不同的 IP 地址和相同的子网掩码）以及网关、DNS 服务器，如图 5 – 14 所示。

图 5 – 14　"Internat 协议版本 4（TCP/IPv4）属性"对话框

（5）当所有的网络配置都做完后，单击"确定"按钮。这样，所有的上网设置都配置完毕。

5.6.5　进行远程桌面连接

（1）当前面几步设置好之后，回到另外一台计算机（主控端），点击左下角的开始图标，在搜索框中输入命令"MSTSC"，打开如图 5 – 15 所示的"运行"对话框，在对话框中点击"确定"。

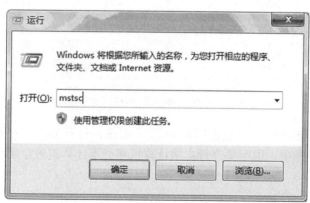

图 5 – 15　"运行"对话框

（2）在弹出的"远程桌面连接"对话框中输入想要远程控制的计算机的 IP 地址，然后点击"连接"按钮，如图 5 – 16 所示。

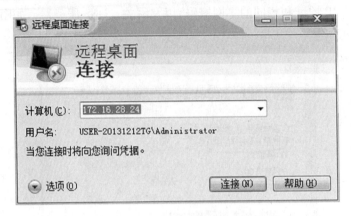

图 5 – 16　"远程桌面连接"对话框

（3）如果要进行本地计算机和远程计算机磁盘资源共享，可以点击"远程桌面连接"对话框中的选项按钮，然后，选择"本地资源"选项卡，如图 5 – 17 所示。

图 5 – 17　远程桌面连接"本地资源"选项卡

在"本地资源"选项卡中，点击"详细信息"按钮，打开如图 5 – 18 所示的对话框，可以勾选"驱动器"选项，说明要进行本地计算机和远程计算机磁盘驱动器资源的共享。

图 5 – 18　远程桌面连接本地设备和资源对话框

（4）点击连接后，弹出如图 5 – 19 所示的登录窗口，这时输入刚才设定好的账户密码（被控端），点击"确定"。这时可以看到被控制端显示器出现屏幕保护状态，并返回出现锁屏的状态，实现远程控制。

图 5 – 19　登录窗口

第三篇　计算机信息检索

6 互联网搜索引擎

Internet 是一个巨大的信息资源宝库，每天都有新的主机被连接到 Internet 上，每天都有新的信息资源被增加到 Internet 中，使得 Internet 中的信息以惊人的速度增长。然而 Internet 中的信息资源分散在无数台主机中，如果用户想将所有主机中的信息都做一番考察，无异于大海捞针。那么用户如何在数百万个网站中快速有效地查找到想要得到的信息呢？这就要借助于 Internet 中的搜索引擎。

6.1 搜索引擎的定义

搜索引擎(search engine)泛指网络上以一定的策略搜集信息，对信息进行组织和处理，并为用户提供信息检索服务的工具和系统，是网络资源检索工具的总称。

6.2 搜索引擎的作用

搜索引擎是网站建设中针对"用户使用网站的便利性"所提供的必要功能，同时也是"研究网站用户行为的一个有效工具"。高效的站内检索可以让用户快速准确地找到目标信息，从而更有效地促进产品/服务的销售，而且通过对网站访问者搜索行为的深度分析，对于进一步制定更为有效的网络营销策略具有重要价值。

(1)从网络营销的环境看，搜索引擎营销的环境发展为网络营销的推动起到举足轻重的作用；

(2)从效果营销看，很多公司之所以可以应用网络营销是利用了搜索引擎营销；

(3)就完整型电子商务概念组成部分来看，网络营销是其中最重要的组成部分，是向终端客户传递信息的重要环节。

6.3 搜索引擎的类型

随着搜索引擎技术和市场的不断发展，出现了多种不同类型的搜索引擎。各类媒体上有关搜索引擎的名词也越来越多,让人眼花缭乱。如何尽快熟悉众多类型的搜索引擎,又如何利用各种搜索引擎作为网络工具呢?我们需要对搜索引擎的分类有一个比较清晰的认识。

尽管搜索引擎有各种不同的表现形式和应用领域,按工作方式或者检索机制来划分,搜索引擎主要可分为目录型搜索引擎、索引型搜索引擎和元搜索引擎三种类型。

1. 目录型搜索引擎

目录型搜索引擎(search index/directory)也被称为网络资源指南,是浏览式的搜索引擎。它是由专业信息人员以人工或半自动的方式搜集网络信息资源,并将搜集、整理的信息资源按照一定的主题分类体系编制的一种可供浏览、检索的等级结构式目录(网站链接列表)。

用户通过逐层浏览该目录,在目录体系的从属、并列等关系引导下,逐步细化来寻找合适的类别直至具体的信息资源。这类检索工具往往根据资源采集的范围设计详细的目录体系,检索结果是网站的名称、地址和内容简介,因此,目录型搜索引擎是一种网站级搜索引擎。

2. 索引型搜索引擎

索引型搜索引擎(robot search engine)也被称为机器人搜索引擎或关键词搜索引擎。它实际上是一个 WWW 网站,与普通网站不同的是,索引型搜索引擎网站的主要资源是它的索引数据库,索引数据库的信息资源以 WWW 资源为主,还包括电子邮件地址、FTP、Gopher 等资源。

索引型搜索引擎主要使用一个叫"网络机器人"(Robot)或"网络蜘蛛"(Spider)的自动跟踪索引软件,通过自动的方式分析网页的超链接,依靠超链接和 HTML 代码分析获取网页信息内容,并采用自动搜索、自动标引等事先设计好的规则和方式来建立和维护其索引数据库,以 Web 形式提供给用户一个检索界面,供用户输入检索关键词、词组或逻辑组配的检索式,其后台的检索代理软件代替用户在索引数据库中查找出与检索提问匹配的记录,并将检索结果反馈给用户。

3. 元搜索引擎

元搜索引擎(meta search engine,MSE)是一种将多个独立的搜索引擎集成在一起,提供统一的用户查询界面,将用户的检索提问同时提交给多个独立搜索引擎,并检索其共享的多个独立搜索引擎的资源库,再经过聚合、去掉重复信息和排序等处理,将最终检索结果一并返回给用户的网络检索工具。

元搜索引擎是对搜索引擎进行搜索的搜索引擎,是对多个独立搜索引擎的整合、调用、控制和优化利用。元搜索引擎也被称为"搜索引擎之母(the mother of search engines)","元"(meta)为"总的""超越"之意。相对于元搜索引擎,可被利用的独立搜索引擎称为"源搜索引擎"(source search engine)或"成员搜索引擎"(component search engine)。

6.4 搜索引擎的工作方式

一个典型的搜索引擎的系统架构基本上由信息采集、信息组织和信息查询服务三个模块组成，如图6-1所示。

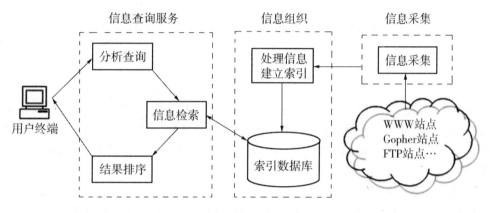

图6-1 搜索引擎的工作流程

1. 信息采集模块

信息采集模块的主要功能为搜索、采集和标引网页，信息采集有人工采集和自动采集两种方式。

（1）人工采集。指人工采集整理信息。

（2）自动采集。自动采集是通过采用一种被称为Robot的网络自动跟踪索引程序来完成信息采集。

2. 信息组织模块

搜索引擎信息组织和整理的过程称为建立索引，将纷繁复杂的网页数据整理成可以被检索系统高效、可靠、方便使用的格式是这一模块的重要工作。搜索引擎不仅要保存搜集起来的信息，还要将它们按照一定的规则进行编排。

通过数据库管理系统来组织所采集的网页信息，建立相应的索引数据库，是搜索引擎提供检索服务的基础。由于数据库的规模和质量直接影响检索的效果，因此，需要对数据库数据进行及时的更新和处理，以保证数据库能准确地反映网络信息资源的当前状况。

3. 信息查询服务模块

查询服务模块是指搜索引擎与用户查询需求直接交互的部分。这个模块主要完成以下三个方面的任务，即分析查询、信息检索、结果排序。

6.5　搜索引擎的检索方法和技巧

6.5.1　简单查询

在搜索引擎中输入关键词，然后点击"搜索"，系统很快会返回查询结果。这是最简单的查询方法，使用方便，但是查询的结果却不准确，可能包含着许多无用的信息。

6.5.2　高级查询

1. 使用双引号（" "）

给要查询的关键词加上双引号（半角，以下要加的其他符号同），可以实现精确的查询，这种方法要求查询结果精确匹配，不包括演变形式。例如，在搜索引擎的文字框中输入"电传"，它就会返回网页中有"电传"这个关键字的网址，而不会返回诸如"电话传真"之类网页。

2. 使用加号（＋）

在关键词的前面使用加号，也就等于告诉搜索引擎该单词必须出现在搜索结果中的网页上。例如，在搜索引擎中输入"＋电脑＋电话＋传真"就表示要查找的内容必须要同时包含"电脑、电话、传真"这三个关键词。

3. 使用减号（－）

在关键词的前面使用减号，也就意味着在查询结果中不能出现该关键词。例如，在搜索引擎中输入"电视台－中央电视台"，它就表示最后的查询结果中一定不包含"中央电视台"。

4. 使用通配符（＊和?）

通配符包括星号（＊）和问号（?），前者表示匹配的数量不受限制，后者表示匹配的字符数要受到限制，主要用在英文搜索引擎中。例如，输入"computer＊"，就可以找到"computer、computers、computerised、computerized"等单词，而输入"comp? ter"，则只能找到"computer、compater、competer"等单词。

5. 使用布尔检索

所谓布尔检索是指通过标准的布尔逻辑关系来表达关键词与关键词之间逻辑关系的一种查询方法，这种查询方法允许我们输入多个关键词，各个关键词之间的关系可以用逻辑关系词来表示。布尔逻辑关系词包含 and、or、not 和 near。

and，称为逻辑"与"，用 and 进行连接，表示它所连接的两个词必须同时出现在查询结果中。例如，输入"computer and book"，它要求查询结果中必须同时包含 computer 和 book。

or，称为逻辑"或"，它表示所连接的两个关键词中任意一个出现在查询结果中就可以。例如，输入"computer or book"，就要求查询结果中可以只有 computer，或只有 book，或同时包含 computer 和 book。

not，称为逻辑"非"，它表示所连接的两个关键词中应从第一个关键词概念中排除第二个关键词。例如，输入"automobile not car"，就要求查询的结果中包含 automobile（汽车），但同时不能包含 car(小汽车)。

near，它表示两个关键词之间的词距不能超过 n 个单词。

在实际的使用过程中，你可以将各种逻辑关系综合运用，灵活搭配，以便进行更加复杂的查询。

6. 使用元词检索

大多数搜索引擎都支持"元词"(metawords)功能，依据这类功能，用户把元词放在关键词的前面，这样就可以告诉搜索引擎你想要检索的内容具有哪些明确的特征。例如，你在搜索引擎中输入"title：清华大学"，就可以查到网页标题中带有清华大学的网页。在键入的关键词后加上"domainrg"，就可以查到所有以 org 为后缀的网站。

其他元词还包括：

image：用于检索图片；

link：用于检索链接到某个选定网站的页面；

URL：用于检索地址中带有某个关键词的网页。

7. 区分大小写

区分大小写是检索英文信息时要注意的一个问题，许多英文搜索引擎可以让用户选择是否要求区分关键词的大小写，这一功能对查询专有名词有很大的帮助。例如，Web 专指万维网或环球网，而 web 则表示蜘蛛网。

8. 特殊搜索命令

intitle：是多数搜索引擎都支持的针对网页标题的搜索命令。例如，输入"intitle：家用电器"，表示要搜索标题含有"家用电器"的网页。

6.6　目录型搜索引擎介绍

6.6.1　目录型搜索引擎的工作原理

1. 数据收集

目录型搜索引擎的数据库建立在人工编辑的基础上，以人工方式或半自动方式搜集信息，分类目录的编辑人员需要分析该站点的内容，并将该站点放在相应的类别和目录中。随着收录站点的增多，所有这些收录的站点同样被存放在一个索引数据库中。

2. 信息处理

目录型搜索引擎的信息处理工作主要依靠人工完成。按照分类或主题目录的形式组织起来，编制成为等级式的主题指南或主题目录，供用户浏览和查找。要特别注意的是，登录目录型索引网站时必须将网站放在一个最合适的目录中，分类是否合理对后期的检索效果影响很大。

3. 信息查询服务

目录型搜索引擎的目录索引信息大多面向网站，将网站分门别类地存放在相应的目录中，提供目录浏览服务和直接检索服务。因此用户在查询信息时，可选择关键词搜索，也可按分类目录逐层查找。

6.6.2 目录型搜索引擎的特点

首先，搜索引擎属于自动网站检索，而目录索引则完全依赖手工操作。用户提交网站后，目录编辑人员会亲自浏览你的网站，然后根据一套自定的评判标准甚至编辑人员的主观印象，决定是否接纳你的网站。

其次，搜索引擎收录网站时，只要网站本身没有违反有关的规则，一般都能登录成功。而目录索引对网站的要求则高得多，有时即使登录多次也不一定成功。尤其像 Yahoo 这样的超级索引，登录更是困难。

此外，在登录搜索引擎时，一般不用考虑网站的分类问题，而登录目录索引时则必须将网站放在一个最合适的目录。

最后，搜索引擎中各网站的有关信息都是从用户网页中自动提取的，所以从用户的角度看，他们拥有更多的自主权；但是目录索引则要求必须手工另外填写网站信息，而且还有各种各样的限制，如果工作人员认为你提交网站的目录、网站信息不合适，他可以随时对其进行调整，并且不事先通知。

目录索引，顾名思义就是将网站分门别类地存放在相应的目录中，因此用户在查询信息时，可选择关键词搜索，也可按分类目录逐层查找。如以关键词搜索，返回的结果跟搜索引擎一样，也是根据信息关联程度排列网站，只不过其中人为因素要多一些。如果按分层目录查找，某一目录中网站的排名则是由标题字母的先后顺序决定，但也有例外。

6.6.3 常用的目录型搜索引擎及其检索方法

1. Yahoo! 分类目录(http：//dir. yahoo. com/)

Yahoo! 是全球第一家提供 Internet 导航服务的网站，是世界上最著名的网络资源目录。Yahoo! 的分类目录是最早的分类目录，也是目录式搜索引擎的典型代表。它的收录范围包括网站、Web 页、新闻组资源和 FTP 资源等。雅虎是全球第一门户搜索网站，业务遍及 24 个国家和地区，为全球超过 5 亿的独立用户提供多元化的网络服务。

1999 年 9 月，中国雅虎网站(www. yahoo. com. cn)开通。2005 年 8 月，中国雅虎由阿里巴巴集团全资收购。它采用人工信息筛选分类，具有质量好，查准率高的优点。2013 年，中国雅虎退出中国市场。

2. Galaxy(http：//www. galaxy. com)

Galaxy 是 Internet 上较早按专题检索 WWW 资源，是提供全球信息服务的目录型网络信息资源检索工具之一。Galaxy 允许用户通过在线填写表单的方式递交增补 Internet 网络资源的建议，并允许用户为信息源、产品或服务提供简单的说明。Galaxy 收录的网络信息资源有网站、网页、新闻、域名、公司名录等。Galaxy 将所收录的网络资源分为 16 大类。

6.7 索引型搜索引擎介绍

索引型搜索引擎是目前广泛应用的主流搜索引擎。它的工作原理是计算机索引程序通过扫描文章中的每一个词，对每一个词建立一个索引，指明该词在文章中出现的次数和位置，当用户查询时，检索程序就根据事先建立的索引进行查找，并将查找的结果反馈给用户。这个过程类似于通过字典中的检索字表查字的过程，也称为全文检索。

6.7.1 索引型搜索引擎的功能

全文检索系统是按照全文检索理论建立起来的用于提供全文检索服务的软件系统。一般来说，全文检索需要具备建立索引和提供查询的基本功能。此外，现代的全文检索系统还需要具有方便的用户接口、面向 WWW 的开发接口、二次应用开发接口等等。功能上，全文检索系统核心具有建立索引、处理查询返回结果集、增加索引、优化索引结构等功能，外围则由各种不同应用具有的功能组成。

6.7.2 索引型搜索引擎的结构

从结构上来说，全文检索系统核心具有索引引擎、查询引擎、文本分析引擎、对外接口等等，加上各种外围应用系统共同构成了全文检索系统。

搜索引擎面临大量的用户检索需求（每秒几十至几千点击），要求搜索引擎在检索程序的设计上要高效，尽可能将大运算量的工作在索引建立时完成，使检索时的运算压力能够承受，一般的数据库查询技术无法实现全文搜索的时间要求。目前全文搜索引擎通常使用倒排索引技术。倒排索引（Inverted index）也常称为反向索引、置入档案或反向档案，是一种索引方法，被用来存储在全文搜索下某个单词在一个文档或者一组文档中的存储位置的映射。它是文档检索系统中最常用的数据结构。

倒排索引有两种不同的反向索引形式：一条记录的水平反向索引（或者反向档案索引）包含每个引用单词的文档的列表。一个单词的水平反向索引（或者完全反向索引）又包含每个单词在一个文档中的位置。后者的形式提供了更多的兼容性（如短语搜索），但是需要更多的时间和空间来创建。

6.7.3 常用的索引型搜索引擎及其检索方法

1. Google（http：//www. google. com）

Google 采用超文本链接结构分析技术和大规模数据挖掘技术，能根据 Internet 本身的链接结构对相关网站用自动方法进行分类，提供了最便捷的网上信息查询方法，并为查询提供快速准确的结果。Google 通过 PageRank（网页级别）来调整结果，使那些更具"等级/重要性"的网页在搜索结果中网站排名获得提升，从而提高搜索结果的相关性和质量。Google 的 PageRank 根据网站的外部链接和内部链接的数量和质量来衡量网站的价值。Google 的 PageRank 分值从 0 到 10；PageRank 为 10 表示最佳，但非常少见。

2. 百度(http：//www. baidu. com)

百度是国内最早的商业化全文搜索引擎，1999 年由李彦宏和徐勇在美国硅谷创建。目前，百度已成长为全球最大的中文搜索引擎。百度搜索引擎把先进的超级链接分析技术、内容相关度评价技术结合起来，在查找的准确性、查全率、更新时间、响应时间等方面具有优势。

3. AltaVista(http：//www. altavista. com)

AltaVista 是 1995 年 12 月由美国 Digital Equipment Corporation(DEC)开发的能对整个 Internet 信息资源进行检索的工具，被认为是世界上功能最完善、搜索精度较高的优秀搜索引擎之一。

4. Excite(http：//www. excite. com)

Excite 是一个基于概念的搜索引擎，它在搜索时不仅搜索用户输入的关键词，还将关键词按字意进行自动扩展和加以限定，并且智能性地推断用户要查找的相关内容并进行搜索，而不只是简单的关键词匹配。此外，Excite 的个性化定制服务功能极佳，任何用户都可以根据自己的需求向 Excite 定制个性化主页。

6.8　元搜索引擎介绍

元搜索引擎就是通过一个统一的用户界面帮助用户在多个搜索引擎中选择和利用合适的(甚至是同时利用若干个)搜索引擎来实现检索操作，是对分布于网络的多种检索工具的全局控制机制。

6.8.1　元搜索引擎的工作原理

用户通过 WWW 服务访问元搜索引擎，向 Web 服务器提交检索式。当 Web 服务器收到查询请求时，先访问结果数据库，查看近期是否有相同的检索，如果有则直接返回保存的结果，完成查询；如果没有相同的检索，就分析检索式并将其转化成与所要查找的各搜索引擎相应的检索式格式，然后送至 Web 处理接口模块。

Web 处理接口模块根据成员搜索引擎调度机制，选择若干成员搜索引擎。再根据选择的成员搜索引擎的查询格式，对原始查询申请进行本地化处理，转换为成员搜索引擎要求的查询格式串。通过并行的方式同时向各个成员搜索引擎发送经过格式化的查询请求，等待返回结果，并把所有的结果集中到一起。根据各搜索引擎的重要性，以及所得结果的相关度，对结果进行综合处理(消除重复链接，死链接等)并排序，生成最终结果返回给用户。同时，把结果存到自己的数据库里，以备下次查询参考使用。

6.8.2　主要中文元搜索引擎

1. 360 综合搜索(360 Comprehensive Search)

360 综合搜索属于元搜索引擎，是搜索引擎的一种，是通过一个统一的用户界面帮助用户在多个搜索引擎中选择和利用合适的(甚至是同时利用若干个)搜索引擎来实现检索操作，是对分布于网络的多种检索工具的全局控制机制。

2. 搜魅网（Someta）

搜魅网集合了百度、Google、搜狗、雅虎多家主流搜索引擎的结果，提供网页、资讯、网址导航等聚合查询。另外，搜魅网突破了元搜索引擎没有自己的蜘蛛的瓶颈，提供了网站查询的功能。

3. 马虎聚搜

马虎聚搜集合了 Google 和百度的搜索结果，提供一些有用的热点排行。

4. 觅搜（MetaSoo）

觅搜是一个使用了 Ajax 技术的中文元搜索引擎，可搜索谷歌、百度、雅虎一搜、搜狗、有道等。用户可以自行设置各搜索引擎的可信度（权重），觅搜会根据各搜索引擎重复等情况计算得分，最高 100 分，然后按照得分排序。这是 Ajax 技术在元搜索引擎中的第一次应用。

5. 抓虾网聚搜

抓虾网聚搜是将百度、Google 两家算法各异的搜索巨头的搜索结果去重，然后呈现到用户面前，方便用户使用。通过抓虾聚搜的搜索框，可以方便地进行下列查询：天气预报、手机归属地、网页计算器、IP 地址、邮编区号、实时汇率转换、网站 PR 值、Alexa 排名速查、网站快速预览、检索纠正功能、字典、诗词、成语词典、百家姓速查、快递单号等等，致力于快捷生活。

6.8.3 国外主要搜索引擎

1. MetaCrawler

MetaCrawler 提供涵盖近 20 个主题的目录检索服务，包括常规检索、高级检索、定制检索、国家或地区的资源检索等。其中，高级检索模式可实现搜索引擎的选择调用，基于域名、地区或国家的检索结果过滤，最长检索时间设置，每页可显示的和允许每个搜索引擎返回的检索结果数量的设定，检索结果排序依据（包括相关度、域名、源搜索引擎）设定等 Dogpile。它首先并行地调用 Google、Yahoo、MSN、Ask Jeeves 等 4 个源搜索引擎，如果没有得到 10 个以上的结果，再调用另外的搜索引擎。但 Dogpile 不提供可调用的源搜索引擎列表，不支持对各个源搜索引擎的自行指定和选择。

2. Mamma

Mamma 是并行式元搜索引擎，自称为"搜索引擎之母"。它可同时调用 7 个最常用的独立搜索引擎，并且可查询网上商店、新闻、股票指数、图像和声音文件等资源。其特点是检索界面友好，检索选项丰富，主要包括可控制调用的独立搜索引擎、选择使用短语检索功能、设定检索时间、设定每页可显示记录数等。

3. Ixquick

Ixquick 的最大优点是支持中文检索，支持各种基本的和高级的检索功能，包括关键词检索、短语检索、截词检索、布尔逻辑检索、概念检索、自然语言检索、指定字段检索、包含（+）或排除（－）检索等。

4. Clusty

Clusty 将用户搜索的关键词放到各大搜索引擎查询，然后比较返回的结果，根据比较排名生成一个列表。这样的"元搜索"方式可以实现将最好的搜索结果提升到页面上部而将搜索引擎的垃圾搜索结果调整到底部去。Clusty 不但具有能够根据搜索的关键字进行 Tag 匹配，按搜索引擎索引，按域名分类等功能，同时还具有可以在搜索结果列表中选择页面内预览的功能。

6.9　实训：搜索引擎的使用

某同学住在北京国瑞百捷酒店，想利用元旦三天游玩北京周边景区，请为他合理安排游玩时间和游玩路线，并预估费用。

要求：至少游玩 5 个 5A 级景区；如果预算够，还可以带北京特产回家；总计花费不超过 2000 元。

提示：北京景区凭学生证可以打半价。以表格的形式列出出行计划表（包含路线、价格、景点门票、宾馆、餐饮等所有花费）。

（1）打开搜索引擎。启动 IE 浏览器，在地址栏中输入 http://www.baidu.com，打开如图 6 - 2 所示的百度搜索引擎。

图 6 - 2　百度搜索引擎首页

（2）搜索北京的 5A 级景区，包括名称、价格等。输入关键词"北京 5A 级景区"，比较容易就能够搜索到相关信息。整理之后得到如表 6 - 1 所示的信息。

表 6 - 1　北京 5A 级景区名单

序号	景区名称	景区地址	景区门票价格（元）
1	八达岭长城	北京市延庆县	45
2	北京奥林匹克公园	北京市朝阳区	免费
3	故宫博物院	北京市东城区	60
4	恭王府	北京市西城区	40
5	明十三陵景区	十三陵特区	65

序号	景区名称	景区地址	景区门票价格（元）
6	颐和园	北京市海淀区	30
7	天坛公园	北京市东城区	15

（3）制定游玩顺序。通过查看地图，了解各个景区之间的距离和具体位置，从而制定好游玩景区的顺序。

首先输入关键词"北京"，同时选择百度"地图"工具，如图6-3所示。

图6-3 百度首页界面

其次，点击"百度一下"，打开如图6-4所示的北京市地图。

图6-4 北京市地图

再次输入关键词"北京国瑞百捷酒店"，如图6-5所示，可以找到该学生所在地。

图6-5　北京国瑞百捷酒店位置

通过地图右下方的调整按钮，可以调整地图显示的级别，如图6-6所示。

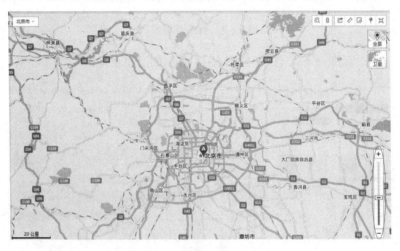

图6-6　调整地图显示级别

最终，通过地图的显示，可以目测各个景点之间的距离，制定出适合自己的旅游路线。根据要求，可以选择如表6-2所示的旅游方案。

表6-2　旅游方案

旅游时间	旅游景点
第一天	八达岭长城＋明十三陵景区
第二天	故宫博物院＋天坛公园
第三天	颐和园

（4）根据制定的旅游方案，可以利用搜索引擎再次搜索具体的交通路线。

7 信息检索

随着现代科学技术尤其是计算机技术和网络技术的迅猛发展，社会信息量激增，信息呈现出爆炸式的增长趋势。然而在信息的汪洋中，存在着大量虚假信息和无用信息，这使得获取有用的信息资源变得越来越困难。因此，信息检索能力已经成为新时代人才的一项必备技能。信息检索的实质是一个匹配过程，即用户需求的主题概念或检索表达式与一定信息系统语言相匹配的过程，如果两者匹配，则所需信息被检中，否则检索失败。通常我们所说的信息查询，即从信息集合中找出所需要的信息的过程，就是信息检索。

7.1 信息检索概述

信息检索（information retrieval）是指信息按一定的方式组织起来，并根据信息用户的需要找出有关的信息的过程和技术。

7.1.1 起源

信息检索起源于图书馆的参考咨询和文摘索引工作，从 19 世纪下半叶开始发展至 20 世纪 40 年代，索引和检索已成为图书馆独立的工具和用户服务项目。1946 年世界上第一台电子计算机问世，计算机技术逐步走进信息检索领域，并与信息检索理论紧密结合起来。随着脱机批量情报检索系统、联机实时情报检索系统相继研制成功并商业化，20 世纪 60 年代至 80 年代，在信息处理技术、通信技术、计算机和数据库技术的推动下，信息检索在教育、军事和商业等各领域高速发展，得到了广泛的应用。

7.1.2 信息检索的定义

信息检索有广义和狭义之分。广义的信息检索全称为信息存储与检索，是指将信息按一定的方式组织和存储起来，并根据用户的需要找出有关信息的过程。狭义的信息检索通常称为"信息查找"或"信息搜索"，是指从信息集合中找出用户所需要的有关信息的过程。狭义的信息检索包括 3 个方面的含义：了解用户的信息需求、信息检索的技术或方法、满足信息用户的需求。

由信息检索原理可知，信息的存储是实现信息检索的基础。这里要存储的信息不仅包括原始文档数据，还包括图片、视频和音频等，首先要将这些原始信息进行计算机语言的转换，并将其存储在数据库中，否则无法进行机器识别。待用户根据意图输入查询请求后，检索系统根据用户的查询请求在数据库中搜索与查询相关的信息，通过一定的匹配机制计算出信息的相似度大小，并按从大到小的顺序将信息转换输出。

7.1.3 信息检索的类型

信息检索的类型有多种划分方式，按检索内容分，有数据信息检索、事实信息检索和文献信息检索。

（1）数据信息检索（data information retrieval）是将经过选择、整理、鉴定的数值数据存入数据库中，根据需要查找可回答某一问题的数据的检索。这些数据包括物理性能常数、统计数据，如国民生产总值、外汇收支等。这类检索不仅可以查找数据，还具有一定的推导、运算功能。

（2）事实信息检索（fact information retrieval）是将存储于数据库中的关于某一事件发生的时间、地点、经过等情况查找出来的检索。它既包含数值数据库的检索、运算、推导，也包括事实、概念等的检索、比较、逻辑判断。

（3）文献信息检索（document information retrieval）是将存储于数据库中的关于某一主题文献的线索查找出来的检索。它通常通过目录、索引、文摘等二次文献，以原始文献的出处为检索目的，可以向用户提供原文献的信息，也可称为"数目检索"。

7.2 信息检索系统

信息检索系统是根据特定的信息需求而建立起来的一种有关信息搜集、加工、存储和检索的程序化系统，其主要目的是为人们提供信息检索服务。信息检索系统的外延很广，它可以是供手工检索使用的卡片目录、书目、索引等信息检索工具，也可以是计算机信息检索系统。

7.2.1 信息检索系统的基本要素

一般来说，信息检索系统由以下4个基本要素组成。

（1）检索文档或者数据库，即标有检索标识的信息资源。例如，手工检索系统中书目、索引和文摘中由文献款目组成的正文；工具书中由条目或短文组成的主体；计算机检索系统中的数据库（包括以一定形式存储的书目、全文、多媒体或事实和数据）等等。

（2）技术设备，即实现存储和检索操作的各种技术设备。例如，计算机检索系统的输入设备、运算器、存储器、控制器、输出设备等，对于网络环境还包括通信设备（如网卡、调制解调器等）、通信线路、终端设备及其相应的软件等等。

（3）存储检索的工具和方法。一般指检索语言、标引规则、输入和输出标准及相应的计算机软件系统、手工检索系统的卡片目录或检索刊物等等。

（4）作用于系统的人。一般包括信息标引人员、录入人员、检索人员、系统管理维护人员等。作用于系统的人是检索系统中的主导因素。

7.2.2 信息检索系统的类型

根据信息检索的实现手段，可以把信息检索系统分为手工检索系统和计算机检索系统。

1. 手工检索系统

手工检索系统是用人工查找信息的检索系统。其主要类型有各种印刷型的目录、题录、文摘、索引和各种参考工具书等。检索人员可与之进行直接对话，具有方便、灵活、判断准确、可以随时根据需求修改检索策略、查准率较高等特点。但由于全凭手工操作，检索速度太慢，也不便于多元概念的检索。

2. 计算机检索系统

计算机检索系统是用计算机技术、电子技术、通信技术、光盘技术、网络技术等构成的存储和检索信息的检索系统。存储时，将大量的各种信息以一定的格式输入到系统中，加工处理成可供检索的数据库。检索时，将符合检索需求的提问输入到计算机，在选定的数据库中进行匹配运算，然后将符合提问的检索结果按要求的格式输出。这种检索系统是当今主要采用的检索方式。

7.3 信息检索过程

一个完整的信息检索过程并不仅仅只是用户提出查询请求进而获取所需信息的过程，它还包括信息的存储及有序化过程，如图7-1所示。

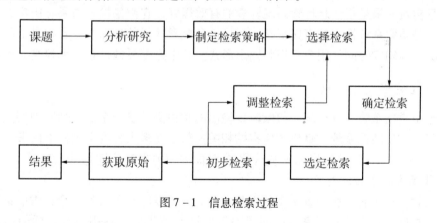

图7-1 信息检索过程

7.4 信息检索方法

信息检索的效率与具体的信息检索方法有很大的关系。运用有效的信息检索方法能够使用户以最少的时间获得最满意的检索结果。

检索方法有直接浏览法、常用法、追溯法、综合法。

1. 直接浏览法

直接浏览法也称直接查找法，是不依靠任何检索工具或检索系统，从最新核心期刊或其他文献中直接阅读原文或浏览最新目次而获取文献的方法。利用此种方法查找的信息不全面、不系统且局限性较大。

2. 常用法

常用法是利用检索系统来查找信息的方法，包含了顺查法、倒查法和抽查法等等。顺查法指的是以所查课题起始年代为起点由远及近按时间顺序查找，费用多、效率低；倒查法指的是由近及远逆时间顺序查找，强调近期资料，重视当前的信息，主动性强，效果较好；抽查法指的是抽取某段时间查找。

3. 追溯法

追溯法从已有的文献信息后所列的参考文献入手，逐一追查原文，从这些新查到的原文后面所附参考文献再逐一追查，不断扩大检索范围。在没有检索工具或检索工具不全时，此法可获得针对性很强的资料，查准率较高，查全率较差。

4. 综合法

综合法也称循环法，是追溯法和常用法的结合，也就是将两种方法分期、分段交替使用，直至查到所需资料为止。

7.5　信息检索效果评价

信息检索效果是指信息检索系统检索的有效程度，它衡量检索结果对用户需求的满足程度，是检索系统性能的直接反映。评价信息检索效果的指标主要有收录范围、查全率、查准率、响应时间、用户负担和输出形式。其中最重要的是查全率和查准率。

7.5.1　查全率

查全率是指系统在进行某一检索时，检出的相关文献量与系统文献库中相关文献总量的比率，它反映该系统文献库中实有的相关文献量在多大程度上被检索出来。

$$查全率 = [检出相关文献量/文献库内相关文献总量] \times 100\%$$

1. 影响查全率的因素

从文献存储来看，影响查全率的因素主要有：文献库收录文献不全；索引词汇缺乏控制和专指性；词表结构不完整；词间关系模糊或不正确；标引不详；标引前后不一致；标引人员遗漏了原文的重要概念或用词不当等。

从检索来看，主要有检索策略过于简单；选词和进行逻辑组配不当；检索途径和方法太少；检索人员业务不熟练和缺乏耐心；检索系统不具备截词功能和反馈功能，检索时不能全面地描述检索要求等。

2. 提高查全率的方法

（1）注意相关领域（如近缘学科、交叉学科和边缘学科）的检索，这是扩大检索范围、提高查全率非常重要而有效的途径。

（2）计算机信息检索时，应取消各种限制，采用任意字段检索。

（3）分类检索时可以采用上位类号来检索。

（4）用词汇检索时，尽可能提供更多的同义词或近义词(计算机检索时用"＋"联结)以拓宽检索范围。

（5）计算机检索时可采用模糊检索或运用逻辑"或"检索，以提高查全率。

（6）适当放宽检索时限。

当漏检率较高时，要找出漏检的原因并加以克服。常见的原因包括：

（1）工具或检索系统存在问题往往是造成漏检的首要原因，因此，检索时应尽可能选配好检索工具或检索系统。

（2）所选检索词与工具或系统中的词表不符也是造成漏检的主要原因之一。必要时应查证检索词。

（3）分类检索中所用的概念小于课题内容范围也会造成漏检，因此要注意分类概念表达的准确性。

（4）用词汇检索时，选词不全是很重要的漏检原因。为了避免这类漏检，选词时除了要参阅相关词表以外，还应参阅已在手的相关文献或征询有关专家的意见。

（5）外文资料的检索应注意同一单词的不同书写形式，计算机检索中必要时应运用截词运算来避免这类漏检。

（6）对检索课题中的各检索词关系不明确，也是造成漏检的原因之一。检索者应注意相关知识的积累以及提高检索知识素养。

7.5.2　查准率

查准率是指系统在进行某一检索时，检出的相关文献量与检出文献总量的比率，它反映每次从该系统文献库中实际检出的全部文献中有多少是相关的。

查准率 ＝［检出相关文献量／检出文献总量］×100%

造成检索结果不如意的原因很多，其主要原因来自工具和检索系统或检索者本身。

1. 影响查准率的因素

影响查准率的因素主要有：索引词不能准确描述文献主题和检索要求；组配规则不严密；选词及词间关系不正确；标引过于详尽；组配错误；检索时所用检索词(或检索式)专指度不够，检索面宽于检索要求；检索系统不具备逻辑"非"功能和反馈功能；检索式中允许容纳的词数量有限；截词部位不当，检索式中使用逻辑"或"不当，等等。

2. 提高查准率的方法

计算机检索时，只要将机构名、人名、地名、出版物名称等作为检索项，用"＊"联结在检索式上就可以。当然也可以限制检索的语种和缩短检索的时限。在分类途径中可采用进一步细分的方法来解决；用词汇检索时，可进一步增加限定词汇，让检索词同时出现在同一记录中，以保证主题表达的准确性。为防止检索操作错误，要求检索者采用严谨的科学态度，耐心细致地进行各个环节的工作。

一般说来，撰写论文和解决具体问题时，出现检索结果可以终止检索。如果是为研究(尤其是高级研究)而进行的检索,除了要认真审查检索的全过程以外,还可以设计不同的检索方法并比较检索结果,必要时还应适当放宽检索的时限,以尽可能避免得出假性的检索结果。

7.6 实训:中国知网的使用

7.6.1 中国知网简介

国家知识基础设施(National Knowledge Infrastructure, NKI)的概念由世界银行于1998年提出。中国知识基础设施工程(CNKI)是以实现全社会知识资源传播共享与增值利用为目标的信息化建设项目,由清华大学、清华同方发起,始建于1999年6月。它采用自主开发并具有国际领先水平的数字图书馆技术,建成了世界上全文信息量规模最大的CNKI数字图书馆,并通过产业化运作,为全社会知识资源高效共享提供丰富的知识信息资源和有效的知识传播与数字化学习平台。

7.6.2 中国知网服务内容

1. 中国知识资源总库

中国知识资源总库提供CNKI源数据库、外文类、工业类、农业类、医药卫生类、经济类和教育类多种数据库。其中综合性数据库为中国期刊全文数据库、中国博士学位论文数据库、中国优秀硕士学位论文全文数据库、中国重要报纸全文数据库和中国重要会议论文全文数据库。

2. 数字出版平台

数字出版平台提供学科专业数字图书馆和行业图书馆。个性化服务平台有个人数字图书馆、机构数字图书馆、数字化学习平台等。

3. 文献数据评价

2010年推出的《中国学术期刊影响因子年报》在全面研究学术期刊、博硕士学位论文、会议论文等各类文献对学术期刊文献的引证规律基础上,首次提出了一套全新的期刊影响因子指标体系,并制定了我国第一个公开的期刊评价指标统计标准,全方位提升了各类计量指标的客观性和准确性。出版了《学术期刊各刊影响力统计分析数据库》和《期刊管理部门学术期刊影响力统计分析数据库》,统称为《中国学术期刊影响因子年报》系列数据库。该系列数据库的研制出版旨在客观、规范地评估学术期刊对科研创新的作用,为学术期刊提高办刊质量和水平提供决策参考。《学术期刊个刊影响力评价分析数据库》为各刊提供所发论文的学科分布、出版时间分布与内容质量分析,并支持论文作者分析、审稿人工作绩效分析等功能,有助于期刊编辑部科学地调整办刊方向与出版策略。《学术期刊评价指标分析数据库》为期刊出版管理部门和主办单位等分析评价学术期刊学科与研究层次类型布局、期刊内容特点与质量、各类期刊发展走势等管理工作提供决策参考。

它的主要统计内容包括：

（1）中国正式出版的 7000 多种自然科学、社会科学学术期刊发表的文献量及其分类统计表；

（2）各期刊论文的引文量、引文链接量及其分类统计表；

（3）期刊论文作者发文量、被引量及其机构统计表；

（4）CNKI 中心网站访问量及分 IP 地址统计表。

中国知网为各期刊编辑部了解自身的社会影响力与学术影响力的变化提供了一个动态的观察窗口；也为各学科期刊之间的比较与评价提供了一组客观、公正的数据参考。

4．知识检索

知识检索提供文献搜索、数字搜索、翻译助手、图形搜索、专业主题、学术资源和学术统计分析等检索服务。

7.6.3 中国知网数据库检索

7.6.3.1 中国知网首页

输入网址 http：//www．cnki．net，打开如图 7-2 所示的页面。

图 7-2 中国知网首页

7.6.3.2 中国知网包含的数据库

点击首页中的"资源总库"，可以看到中国知网使用的数据库包括中国期刊全文数据库（CJFD）、中国重要报纸全文数据库（CCND）、中国优秀博/硕士论文全文数据库（CDMD）、中国重要会议论文全文数据库（CPCD）、中国图书全文数据库、中国年鉴全文数据库、中国引文数据库等等，如图 7-3 所示。

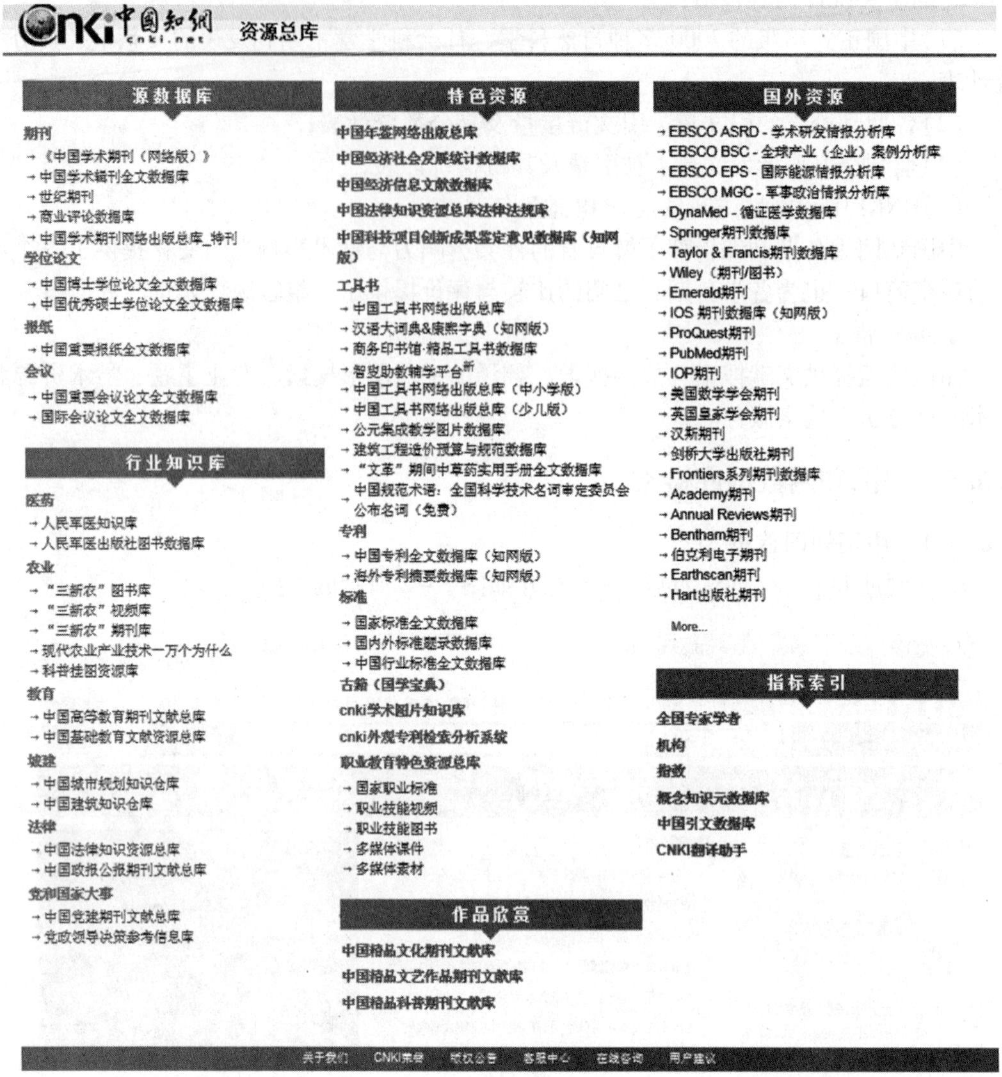

图 7 - 3　中国知网资源总库

7.6.3.3　中国知网的检索方式

基于学术文献的需求，平台提供了检索、高级检索、专业检索、作者发文检索、科研基金检索、句子检索、来源期刊检索等面向不同需要的七种跨库检索方式，构成了功能先进、检索方式齐全的检索平台。

1. 检索

检索提供了类似搜索引擎的检索方式，用户只需要输入所要找的关键词，点击"检索"，就能查到相关的文献，如图 7 - 4 所示。

图 7 - 4　中国知网检索界面

2. 高级检索

点击"高级检索"选项卡，可以打开高级检索界面，如图 7 - 5 所示。在高级检索中，将检索过程规范为三个步骤：

第一步：输入时间、支持基金、文献来源、作者等检索控制条件；

第二步：输入文献全文、篇名、主题、关键词等内容检索条件；

第三步：对检索结果进行分组分析和排序分析，反复筛选修正检索式得到最终结果。

若对结果仍不满意，可改变内容检索条件重新检索，或在检索历史面板中选择返回历史检索。

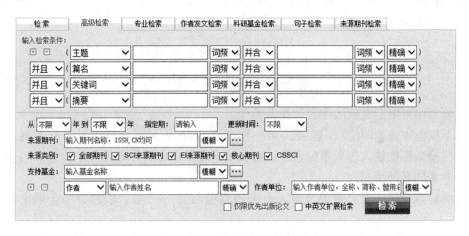

图 7 - 5　高级检索界面

3. 检索范围控制条件

提供对检索范围的限定，便于准确控制检索的目标结果。可以控制文献的以下条件。

（1）文献发表时间控制条件，如图 7 - 6 所示：

图 7 - 6　发表时间控制条件

在检索中可以限定检索文献的出版时间，指定期数以及更新时间。

【提示】选择具体时间时，若起始时间不填写，系统默认为文献收录的最早时间为起始时间；若截止时间不填写，系统默认检索到当前日期的文献。

（2）文献来源控制条件，如图7-7所示：

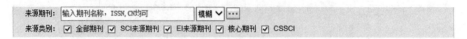

图7-7　文献来源控制条件

在检索中可限定文献的来源范围，如文献的出版媒体、机构或提供单位等，可直接在检索框中输入出版媒体、机构的名称等关键词，也可以点击检索框后的"文献来源列表"按钮，选择文献来源输入检索框中。

（3）文献支持基金控制条件，如图7-8所示：

图7-8　文献基金控制条件

在检索中可限定文献的支持基金，可直接在检索框中输入基金名称的关键词，也可以点击检索框后的"基金列表"按钮，选择支持基金输入检索框中。

（4）发文作者控制条件，如图7-9所示：

图7-9　发文作者控制条件

在检索中可限定文献的作者和作者单位。

在下拉框中选择限定"作者"或"第一作者"，在后面的检索框中输入作者姓名，在作者单位检索框中输入作者单位名称，可以限定在某单位的作者发文中检索，可排除不同机构学者同名的情况。

若要检索多个作者合著的文献，点击检索项前的"＋"号，添加另一个限定发文的作者。

【提示】所有检索框在未输入关键词时默认为该检索项不进行限定，即如果所有检索框不填写时进行检索，将检出库中的全部文献。

提供基于文献的内容特征的检索项，如全文、篇名、主题、关键词、中图分类号等等。

填写文献内容特征并检索的步骤如下：

第一步：在下拉框中，选择一种文献内容特征。在其后的检索框中填入一个关键词。

第二步：若一个检索项需要两个关键词做控制，如全文中包含"计算机"和"发展"。可选择"并含""或含"或"不含"的关系，在第二个检索框中输入另一个关键词。

第三步：点击检索项前的"＋"号，添加另一个文献内容特征检索项。

第四步：添加完所有检索项后，点击"▉检索▉"，进行检索。

【提示】检索平台还提供了扩展词推荐、精确模糊匹配检索，可帮助您获得与您输入的检索词的扩展信息和控制检索文献的精确度。

• 扩展词推荐

在检索框中输入一个关键词后，系统会推荐中心词为该关键词的一组扩展词。例如，输入"信息技术"后弹出如图7-10所示的页面。

在其中选中一个感兴趣的词，可将其添加到检索框中。

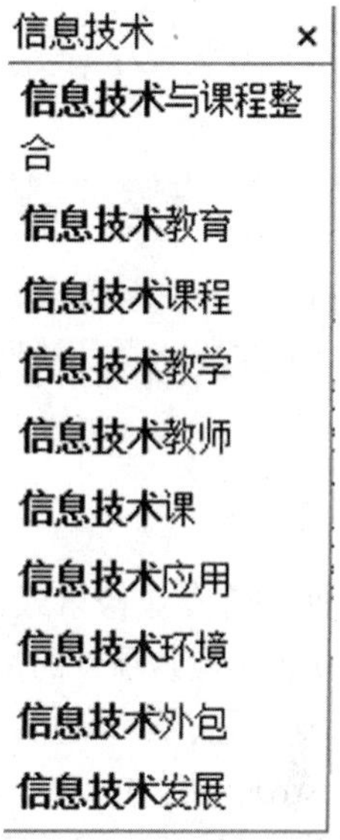

• 精确模糊检索

检索项后的"精确 ∨"可控制该检索项的关键词的匹配方式。

精确匹配：子值(用多值分隔符或括号、空格、感叹号、问号、点等分割为多个子值)完全一致，不考虑可显示中英文以外的符号。例如，输入检索词"清华大学学报"，则检索出清华大学学报(自然科学版)、清华大学学报(哲学社会科学版)等完整包含"清华大学学报"的期刊上发表的文献，但是"清华大学学报自然版"这样的刊物不能检索出。

信息技术　　　✕

信息技术与课程整合

信息技术教育

信息技术课程

信息技术教学

信息技术教师

信息技术课

信息技术应用

信息技术环境

信息技术外包

信息技术发展

图7-10　扩展词推荐界面

模糊匹配：包含检索词的子值，不考虑可显示中英文以外的符号。例如，输入检索词"电子学报"，则可能检索出量子电子学报等期刊上发表的文献。

• 词频控制

对于内容检索项，如全文、主题，只需点击检索词输入框后面"词频 ∨"按钮，即可控制该检索词在检索项中出现的次数。词频可选择的范围为2、3、4、5、6、7、8，在检索项中出现的次数要大于等于选择的次数。

• 中英文扩展检索

对于内容检索项，检索词输入后，可勾选"中英文扩展检索"功能，系统将自动使用该检索词对应的中文扩展词和英文扩展词进行检索，帮助用户查找更多更全的中英文文献。

4. 专业检索

专业检索用于图书情报专业人员查新、信息分析等工作，使用逻辑运算符和关键词构造检索式进行检索，如图7-11所示。

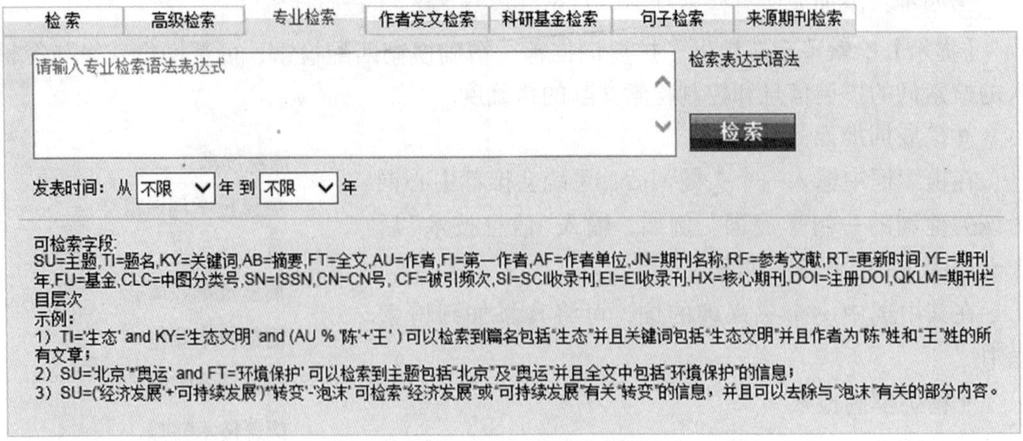

服务外包产教融合系列教材

请输入专业检索语法表达式　　　　　　　　　　　　　检索表达式语法

检索

发表时间：从 不限 ∨ 年 到 不限 ∨ 年

可检索字段：
SU=主题,TI=题名,KY=关键词,AB=摘要,FT=全文,AU=作者,FI=第一作者,AF=作者单位,JN=期刊名称,RF=参考文献,RT=更新时间,YE=期刊年,FU=基金,CLC=中图分类号,SN=ISSN,CN=CN号,CF=被引频次,SI=SCI收录刊,EI=EI收录刊,HX=核心期刊,DOI=注册DOI,QKLM=期刊栏目层次

示例：
1) TI='生态' and KY='生态文明' and (AU % '陈'+'王') 可以检索到篇名包括'生态'并且关键词包括'生态文明'并且作者为'陈'姓和'王'姓的所有文章；
2) SU='北京'*'奥运' and FT='环境保护' 可以检索到主题包括'北京'及'奥运'并且全文中包括'环境保护'的信息；
3) SU=('经济发展'+'可持续发展')*'转变'-'泡沫' 可检索'经济发展'或'可持续发展'有关'转变'的信息,并且可以去除与'泡沫'有关的部分内容。

图 7－11　专业检索界面

如何构造专业检索式：

(1)选择检索项。跨库专业检索支持对以下检索项的检索：

SU = 主题，TI = 题名，KY = 关键词，AB = 摘要，FT = 全文，AU = 作者，FI = 第一责任人，AF = 机构，JN = 中文刊名 & 英文刊名，RF = 引文，YE = 年，FU = 基金，CLC = 中图分类号，SN = ISSN，CN = 统一刊号，IB = ISBN，CF = 被引频次

(2)使用运算符构造表达式。运算符及说明如表7－1所示。

表 7－1　专业检索式运算符表

运算符	检索功能	检索含义	举例	适用检索项
= 'str1' * 'str2'	并且包含	包含 str1 和 str2	TI = '转基因' * '水稻'	所有检索项
= 'str1' + 'str2'	或者包含	包含 str1 或者 str2	TI = '转基因' + '水稻'	
= 'str1' − 'str2'	不包含	包含 str1 不包含 str2	TI = '转基因' − '水稻'	
= 'str'	精确	精确匹配词串 str	AU = '袁隆平'	作者、第一责任人、机构、中文刊名 & 英文刊名
= 'str /SUB N'	序位包含	第 n 位包含检索词 str	AU = '刘强 /SUB 1'	
% 'str'	包含	包含词 str 或 str 切分的词	TI % '转基因水稻'	全文、主题、题名、关键词、摘要、中图分类号
= 'str'	包含	包含检索词 str	TI = '转基因水稻'	
= 'str1/SEN N str2'	同段，按次序出现，间隔小于 N 句		FT = '转基因 /SEN 0 水稻'	

运算符	检索功能	检索含义	举例	适用检索项
= ′str1 /NEAR N str2′	同句,间隔小于 N 个词		AB = ′转基因 /NEAR 5 水稻′	
= ′str1 /PREV N str2′	同句,按词序出现,间隔小于 N 个词		AB = ′转基因 /PREV 5 水稻′	
= ′str1 /AFT N str2′	同句,按词序出现,间隔大于 N 个词		AB = ′转基因 /AFT 5 水稻′	主题、题名、关键词、摘要、中图分类号
= ′str1 /PRG N str2′	全文,词间隔小于 N 段		AB = ′转基因 /PRG 5 水稻′	
= ′str \$ N′	检索词出现 N 次		TI = ′转基因 \$ 2′	
BETWEEN	年度阶段查询		YE BETWEEN (′2000′,′2013′)	年、发表时间、学位年度、更新日期

（3）使用"and""or""not"等逻辑运算符,"( )"符号将表达式按照检索目标组合起来。

注意事项:

所有符号和英文字母,都必须使用英文半角字符。

"and""or""not"三种逻辑运算符的优先级相同;如要改变组合的顺序,请使用英文半角圆括号"( )"将条件括起。

逻辑关系符号"与(and)""或(or)""非(not)"前后要空一个字节。

使用"同句""同段""词频"时,需用一组西文单引号将多个检索词及其运算符括起,如:′流体 # 力学′。

例1 要求检索钱伟长在清华大学或上海大学时发表的文章。

检索式: AU = 钱伟长 and (AF = 清华大学 or AF = 上海大学)

例2 要求检索钱伟长在清华大学期间发表的题名或摘要中都包含"物理"的文章。

检索式: AU = 钱伟长 and AF = 清华大学 and (TI = 物理 or AB = 物理)

5. 作者发文检索

作者发文检索是通过作者姓名、作者单位等信息,查找作者发表的全部文献及被引用下载等情况,如图 7 – 12 所示。

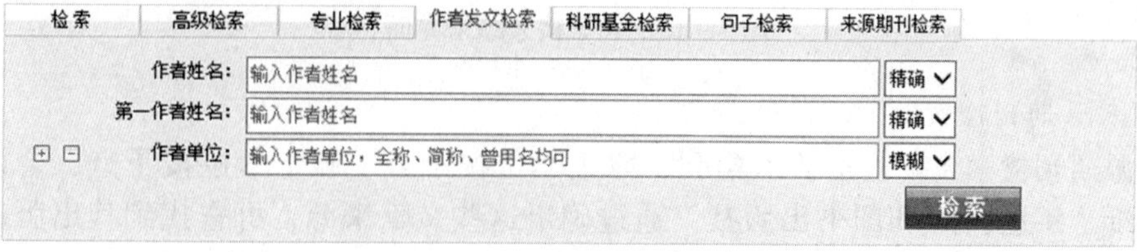

图 7 – 12 作者发文检索界面

6. 科研基金检索

科研基金检索是通过科研基金名称，查找科研基金资助的文献。通过对检索结果的分组筛选，还可全面了解科研基金资助学科范围、科研主题领域等信息，如图 7 – 13 所示。

图 7 – 13　科研基金检索界面

7. 句子检索

句子检索是通过用户输入的两个关键词，查找同时包含这两个词的句子。由于句子中包含了大量的事实信息，通过检索句子可以为用户提供有关事实的问题的答案，如图 7 – 14 所示。

图 7 – 14　句子检索界面

使用句子检索方式，检索得到的检索结果以摘要的形式展示，并将关键词在文献中出现的句子摘出来，起到解释或回答问题的作用。例如，将"头疼"和"颈椎病"作为关键词的检索结果页面如图 7 – 15 所示。

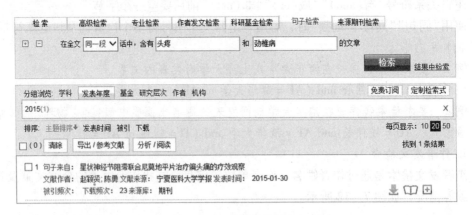

图 7 – 15　句子检索结果界面

8. 来源期刊检索

来源期刊检索包括检索学术期刊、博士学位授予点、硕士学位授予点、会议论文集、报纸、年鉴（种）和图书出版社。通过确定这些文献来源，可查找到其出版的所有文献，再利用分组、排序等工具，可对这些文献进一步分析和调研。还可以利用统一导航功能控制检索范围检索文献来源，也可以使用检索筛选历史可返回前次检索结果，如

图 7-16 所示。

图 7-16　来源期刊检索界面

7.6.3.4　文献分类目录

基于学术文献的特点，中国知网平台提供了以学科导航为基础的统一导航。通过使用统一导航可控制检索的学科范围，提高检索准确率及检索速度，如图 7-17 所示。

图 7-17　文献分类目录界面

在学科名称左侧勾选学科，可作为检索范围控制条件缩小要检索的学科范围。页面默认只展开部分学科，点击"⊞"可显示该学科目录下的全部学科。

7.6.3.5　检索结果页

检索结果页面将通过检索平台检索得到的检索结果，以列表形式展示出来。用户可以对检索结果进行分组分析和排序分析，进行反复的精确筛选得到最终的检索结果。同时这里提供检索平台、统一导航，方便用户进行二次检索。还可以使用检索筛选历史返回到前次检索的结果。根据用户在检索内容特征条件输入的关键词，可给出该词在工具书中的解释、相似词、相关词及相关网址推荐等。

【提示】根据用户在文献来源、作者、内容检索项等输入的检索词及选择的模糊精确匹配方式，系统自动在检索结果中将相应的文字进行标红处理，帮助用户更清晰地分析检索结果。

7.6.3.6 检索结果分组

检索结果分组类型包括学科、发表年度、基金、研究层次、作者、机构等等。点击检索结果列表上方的分组名称，页面左侧分组栏目按照该分组类型展开分组具体内容。

1. 按学科分组

学科分组是将检索结果按照 168 专辑近 4000 个学科类目进行分组。按学科类别分组可以查看检索结果所属的更细的学科专业，进一步进行筛选，找到所关注的文献，如图 7 - 18 所示。

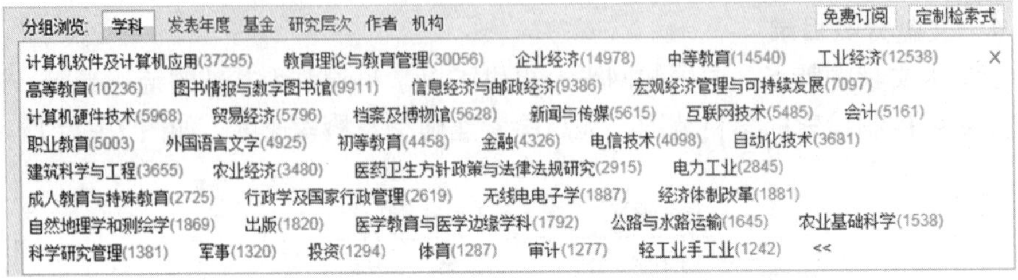

图 7 - 18　按学科分组界面

2. 按发表年度分组

按文献发文年度分组，帮助学者了解某一主题每一年度发文的多少，掌握该主题研究成果随时间变化趋势，进一步分析出所查课题的未来研究热度走向，如图 7 - 19 所示。

图 7 - 19　按发表年度分组界面

3. 按基金分组

按基金分组是指将研究过程中获得国家基金资助的文献按资助基金进行分组。通过分析按"基金"分组，用户可以了解国家对这一领域的科研投入如何；研究人员可以对口申请课题；国家科研管理人员也可以对某个基金支持科研的效果进行定量分析、评价和跟踪，如图 7 - 20 所示。

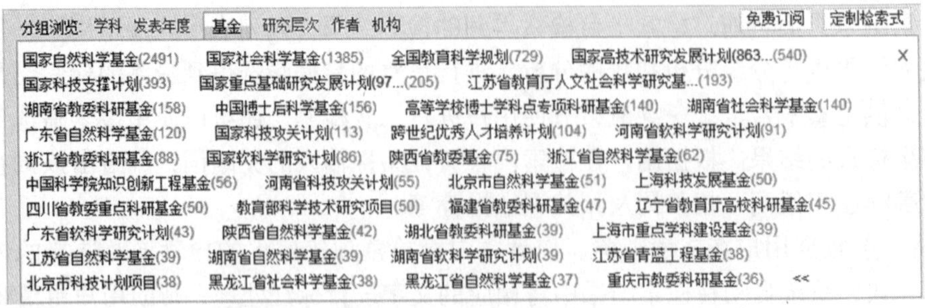

图 7 - 20　按基金分组界面

4. 按研究层次分组

在学术文献总库中，每篇文献还按研究层次和读者类型，分为自然科学和社会科学两大类，每一类下再分为理论研究、工程技术、政策指导等多种类型。用户可以通过分组查到相关的国家政策研究、工程技术应用成果、行业技术指导等，实现对整个学科领域全局的了解，如图 7 − 21 所示。

图 7 − 21　按研究层次分组界面

5. 按作者分组

按文献作者分组可以帮助研究者找到学术专家、学术榜样；帮助用户跟踪已知学者的发文情况，发现未知的有潜力的学者，如图 7 − 22 所示。

图 7 − 22　按作者分组界面

6. 按机构分组

按作者单位分组帮助学者找有价值的研究单位，全面了解研究成果在全国的全局分布，跟踪重要研究机构的成果，也是选择文献的重要手段，如图 7 − 23 所示。

图 7 − 23　按机构分组界面

7.6.3.7　检索结果排序

除了分组筛选，数据库还为检索结果提供了主题排序以及发表时间、被引频次、下载频次等评价性排序。

主题排序：根据检索结果与检索词相关程度进行排序。反映了结果文献与用户输入的检索词相关的程度，越相关则越排前，通过相关度排序可找到文献内容与用户检索词最相关的文献。

发表时间：根据文献发表的时间先后排序。可以帮助学者评价文献的新旧，找到最新文献，找到库中最早出版的文献，实现学术跟踪，进行文献的系统调研。

下载频次：根据文献被下载次数进行排序。下载频次最多的文献往往是传播最广，最受欢迎，文献价值较高的文献，根据下载次数排序还可以帮助学者找到那些高质量但未被注意到的文献类型，比如学位论文等。

被引频次：根据文献被引用次数进行排序。按被引频次排序可帮助学者选出被学术同行认可的好文献以及好出版物。

7.6.3.8　检索案例

【案例一】　利用检索查询某一学科主题的文献

以检索"转基因植物"主题的文献为例说明检索的使用方法。

第一步　限定学科领域，精确检索范围。

在《中国学术期刊（网络版）》检索首页左侧的导航中，选择"基础科学"中的"生物学"和"农业科技"类目，如图 7-24 所示。

平台根据每篇文献的主题将之分入一个学科领域。限定学科领域检索可以排除掉大量相关度不高的文献。当您对所要检索的条件不明确，而想了解一个学科时，可以只限定学科领域，进一步分组，排序找到该学科领域的主要文献。

第二步　输入检索控制条件和文献内容特征，如图 7-25 所示。这里限定发表日期为 2010 年到现在。检索文献篇名中包含转基因植物的文献。

第三步　分组、排序筛选所要的文献。通过检索得到 503 篇，点击分组中的"学科"，检索结果左侧得到按学科类别分组的组名，如图 7-26 所示。

选择"生物学"分组。得到分子生物学及遗传工程类别的文献 256 篇。按这 256 篇文献的下载次数进行排序，得到学术价值较高一些的文献，如图 7-27 所示。

图 7-24　文献分类目录界面

图 7-25　输入检索控制条件

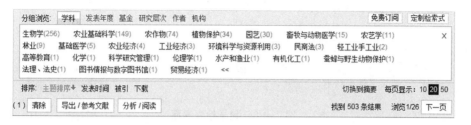

图7-26　分组筛选文献界面

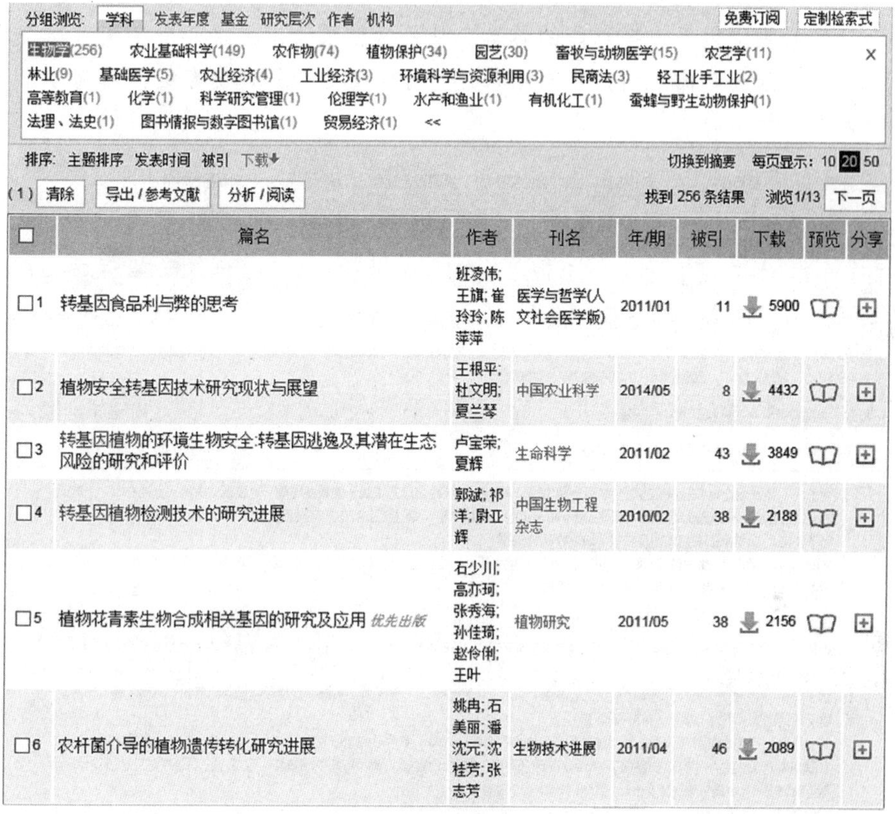

	篇名	作者	刊名	年/期	被引	下载	预览	分享
□1	转基因食品利与弊的思考	班凌伟;王旗;崔玲玲;陈萍萍	医学与哲学(人文社会医学版)	2011/01	11	5900		+
□2	植物安全转基因技术研究现状与展望	王根平;杜文明;夏兰琴	中国农业科学	2014/05	8	4432		+
□3	转基因植物的环境生物安全:转基因逃逸及其潜在生态风险的研究和评价	卢宝荣;夏辉	生命科学	2011/02	43	3849		+
□4	转基因植物检测技术的研究进展	郭斌;祁洋;尉亚辉	中国生物工程杂志	2010/02	38	2188		+
□5	植物花青素生物合成相关基因的研究及应用 *优先出版*	石少川;高亦珂;张秀海;孙佳琦;赵伶俐;王叶	植物研究	2011/05	38	2156		+
□6	农杆菌介导的植物遗传转化研究进展	姚冉;石美丽;潘沈元;沈桂芳;张志芳	生物技术进展	2011/04	46	2089		+

图7-27　筛选结果界面

同样的，也可以通过分组查看不同发表年度、不同研究层次、不同文献作者的文献，较为全面地了解"转基因植物"这一研究领域。

【案例二】　利用句子检索实现对事实的检索

我们在检索过程中常常需要查询一些与事实有关的问题，这类检索可以利用检索平台的句子检索和知识元搜索找到答案。例如，要查找上肢麻木和头痛的症状是由什么疾病引起的。利用以往的检索工具是无法实现这种检索的，我们运用句子检索来找到相关答案。

第一步　选择句子检索，输入关键词。

检索在文章中同时含有"上肢麻木"和"头痛"的句子，如图 7-28 所示。

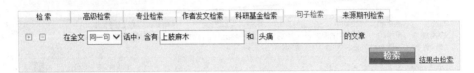

图 7-28　句子检索界面

第二步　浏览句子，进一步筛选。

如图 7-29 所示，在查到的 662 条结果中，可以进行浏览，若每个句子是一条事实，那么检索结果提供了许多可能的答案。从检索结果看出，这两个症状可能是由颈椎病、高血压等疾病引起的。用户可对结果进行分组排序，筛选出有价值的句子，下载文献进一步阅读了解信息。

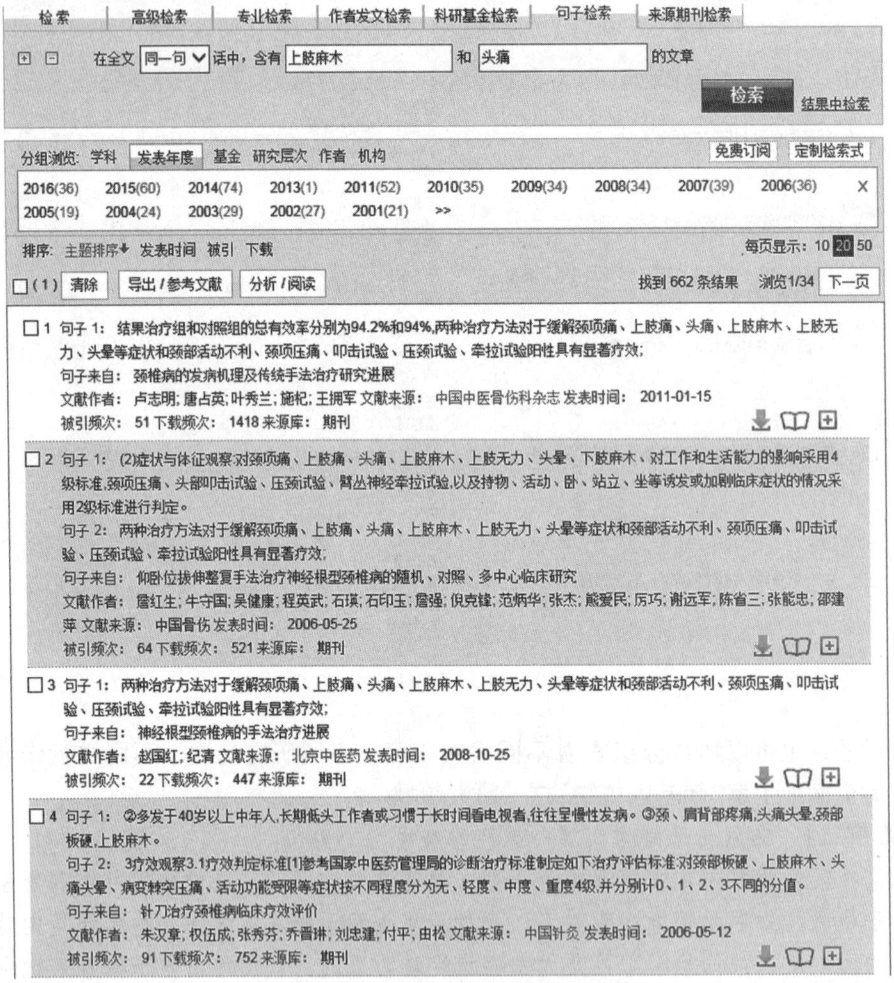

图 7-29　句子检索结果界面

8 数字信息资源

计算机与互联网的广泛应用，电子数据库资源因其自身的众多优点受到了大众的青睐。主要表现在服务不受开放时间限制；支持大量用户同时访问；检索迅速；知识类聚；方便统计等方面。

8.1 电子图书

电子图书又称 e-book，是指以数字代码方式将图、文、声、像等信息存储在磁、光、电介质上，通过计算机或类似设备使用，并可复制发行的大众传播媒体。类型有电子图书、电子期刊、电子报纸和软件读物等。

8.1.1 电子图书的特点

电子图书具有传统书籍的特点：包含一定的信息量，比如有一定的文字量、彩页；其编排按照传统书籍的格式以适应读者的阅读习惯；通过被阅读而传递信息，等等。

但是电子图书作为一种新形式的书籍，又拥有许多与传统书籍不同的或者是传统书籍不具备的特点：必须通过电子计算机设备读取并通过屏幕显示出来；具备图文声像结合的优点；可检索；可复制；有更高的性价比；有更大的信息含量；有更多样的发行渠道，等等。

电子图书的特点包括：

（1）方便信息检索，提高资料的利用率。

（2）存储介质与传统书籍相比容量更大，可以容纳更多的信息量。

（3）成本更低。相同的容量比较，存储体的价格是传统媒体价格的十分之一到百分之一甚至更低。

（4）内容更丰富。数字化资料可以包含图文声像等各种资料。

（5）增强可读性。可以以更灵活的方式组织信息，方便读者阅读。

（6）降低了工作量。在电脑上处理各种资料，可以更方便。

（7）更具系统性。将各种资料有机组合，互相参照，帮助读者更好地理解资料。

（8）新的方式方法、工具手段、形式内容。

（9）无纸化：电子书不再依赖于纸张，以磁性储存介质取而代之。得益于磁性介质储存的高性能，一张 700MB 的光盘可以代替传统的三亿字的纸质图书。这大大减少了木材的消耗和空间的占用。

（10）多媒体：电子书一般都不仅仅是纯文字，而添加了许多多媒体元素，诸如图像、声音、影像。在一定程度上丰富了知识的载体。

（11）丰富性：由于互联网快速发展，致使传统知识电子化加快，基本上除了比较专业的古代典籍，大部分传统书籍内容都上传到了互联网，这使电子图书读者有近乎无限的知识来源。

与纸质书的比较，电子图书的优点在于：制作方便，不需要大型印刷设备，因此制作经费低；不占空间；方便在光线较弱的环境下阅读；文字大小、颜色可以调节；可以使用外置的语音软件进行朗诵；没有损坏的危险。但缺点在于：容易被非法复制，损害原作者利益；长期注视电子屏幕有害视力；有些受技术保护的电子书无法转移给第二个人阅读。

而纸质书的优点在于：阅读不消耗电能，可以适用于任何明亮环境，一些珍藏版图书更具有收藏价值。而缺点在于：占用太大空间，不容易复制，一些校勘错误会永久存在，价格比较贵。

8.1.2 电子图书的格式

电子书形式多样，常见的有 TXT 格式，DOC 格式，HTML 格式，CHM 格式，PDF格式等。这些格式大部分可以利用微软 Windows 操作系统自带的软件打开阅读。至于PDF 等格式则需要使用其他公司出品的一些专用软件打开，如 Adobe Reader 等。

1. 完全执行文件

这种形式的电子图书一般带有保护性质，资料量大，有保密性，可阅读性比较差。适合于内部刊物等。

2. 专有格式

这种形式的电子图书需要以某种专门的阅读器阅读，功能比较固定，仅有国外几种阅读器适用，升级/二次开发依赖国外软件商的升级，不利于国内快速增长的电子图书市场。

3. 通用格式

这种形式的电子图书一般以通用的图文混排格式制作，即使没有阅读器，一般用户也可在自己的电脑上阅读，而定制的增强功能的阅读器则可以发挥更高的阅读效率。

支持电子书的软件一般都支持"查找""书签""笔记"等扩展功能，这使得用户可以更专注于内容本身，而不必考虑其他附带问题如笔记本电脑丢失等。而且"查找"功能更是可以帮助阅读者在极短时间内完成传统图书需要十几秒甚至更长时间才能完成的资料查找。

8.2 数字图书馆

数字图书馆（digital library）是用数字技术处理和存储各种图文并茂文献的图书馆，实质上是一种多媒体制作的分布式信息系统。它把各种不同载体、不同地理位置的信息资源用数字技术存储，以便于跨越区域、面向对象的网络查询和传播。它涉及信息资源加工、存储、检索、传输和利用的全过程。通俗地说，数字图书馆就是虚拟的、没有围墙的图书馆，是基于网络环境下共建共享的可扩展的知识网络系统，是超大规模的、分布式的、便于使用的、没有时空限制的、可以实现跨库无缝链接与智能检索的知识中心。

8.2.1　数字图书馆概述

数字图书馆是一门全新的科学技术，也是一项全新的社会事业。简言之，数字图书馆是一种拥有多种媒体内容的数字化信息资源，能够为用户提供方便、快捷、高水平的信息化服务机制。

数字图书馆不是图书馆实体：它对应于各种公共信息管理与传播的现实社会活动，表现为种种新型信息资源组织和信息传播服务。它借鉴图书馆的资源组织模式，借助计算机网络通讯等高新技术，以普遍存取人类知识为目标，创造性地运用知识分类和精准检索手段，有效地进行信息整序，使人们获取信息不受空间限制，很大程度上也不受时间限制。

数字图书馆从概念上讲可以理解为两个范畴，即数字化图书馆和数字图书馆系统，涉及两方面工作内容：

一是将纸质图书转化为电子版的数字图书；

二是电子版图书的存储、交换、流通。

国际上有许多组织为此做出了贡献，国内也有不少单位积极参与到数字图书馆的建设中。

8.2.2　产生背景

随着信息技术的发展，需要存储和传播的信息量越来越大，信息的种类和形式越来越丰富，传统图书馆的机制显然不能满足这些需要。因此，人们提出了数字图书馆的设想。数字图书馆是一个电子化信息的仓储，能够存储大量各种形式的信息，用户可以通过网络方便地访问它，以获得这些信息，并且其信息存储和用户访问不受地域限制。

数字图书馆是传统图书馆在信息时代的发展，它不但包含了传统图书馆的功能，向社会公众提供相应的服务，还融合了其他信息资源(如博物馆、档案馆等)的一些功能，提供综合的公共信息访问服务。可以这样说，数字图书馆将成为未来社会的公共信息中心和枢纽。信息化、网络化、数字化，这一连串的名词符号其根本点在于信息数字化；同样，电子图书馆、虚拟图书馆、数字图书馆，不管用什么样的名词，数字化也是图书馆的发展方向。

8.2.3　基本组成

数字图书馆基本组成包括：

(1)一定规模并从内容或主题上相对独立的数字化资源；

(2)可用于广域网(主要是 Internet)服务的网络设备和通信条件；

（3）一整套符合标准规范的数字图书馆赖以运作的软件系统，主要分为信息的获取与创建、存储与管理、访问与查询、动态发布以及权限管理五大模块，类似于图书馆集成管理系统对于传统图书馆所起的作用，即数字图书馆的维护管理和用户服务。

8.2.4　服务方式及作用

数字图书馆概念一经提出，就得到全世界的广泛关注，各国纷纷组织力量进行探讨、研究和开发，进行各种模型试验。随着数字地球概念的提出及技术、应用领域的发展，数字图书馆已成为数字地球家庭的成员，为信息高速公路提供必需的信息资源，是知识经济社会中主要的信息资源载体。

数字图书馆的服务是以知识概念引导的方式，将文字、图像、声音等数字化信息，通过互联网传输，从而做到信息资源共享。每个拥有电脑终端的用户只要通过互联网，登录相关数字图书馆的网站，就可以在任何时间、任何地点方便快捷地享用世界上任何一个信息空间的数字化信息资源。

数字图书馆既是完整的知识定位系统，又是面向未来互联网发展的信息管理模式，可以广泛地应用于社会文化、终身教育、大众媒介、商业咨询、电子政务等一切社会组织的公众信息传播。

随着计算机和网络技术的不断发展，数字图书馆正在从基于信息的处理和简单的人机界面逐步向基于知识的处理和广泛的机器之间的理解发展，从而使人们能够利用计算机和网络更大范围地拓展智力活动，在所有需要交流、传播、存储和利用知识的领域，包括电子商务、教育、远程医疗等，发挥极其重要的作用。

8.2.5　主要优点

1. 信息储存空间小，不易损坏

数字图书馆是把信息以数字化形式加以储存，一般储存在电脑光盘或硬盘里，与过去的纸制资料相比占地很小。而且，以往图书馆管理的一大难题就是资料多次查阅后就会磨损，一些原始的比较珍贵的资料，一般读者很难看到。数字图书馆可避免这一问题。

2. 信息查阅检索方便

数字图书馆都配备有电脑查阅系统，读者通过检索一些关键词，就可以获取大量的相关信息。而以往图书资料的查阅，都需要经过检索、找书库、按检索号寻找图书等多道工序，繁琐而不便。

3. 远程迅速传递信息

实体图书馆的建设是有限的。传统型图书馆位置固定，读者往往把大量的时间浪费在去图书馆的路上。数字图书馆则可以利用互联网迅速传递信息，读者只要登录网站，轻点鼠标，即使与图书馆所在地相隔千山万水，也可以在几秒钟内看到自己想要查阅的信息，这种便捷是传统图书馆所不能比拟的。

4. 同一信息可多人同时使用

众所周知，传统图书馆一本书一次只可以借给一个人使用。而数字图书馆则可以突破这一限制，一本"书"通过服务器可以同时借给多个人查阅，大大提高了信息的使用效率。

8.2.6 现状

8.2.6.1 与传统图书馆对比

数字图书馆具有与传统图书馆不同的功能和特征，在馆藏建设、读者服务等方面都有了新的发展。由于数字图书馆以网络和高性能计算机为环境，向读者和用户提供比传统图书馆更为广泛、更为先进、更为方便的服务，从根本上改变了人们获取信息、使用信息的方法，较之传统图书馆具有很大的优势。

首先，数字图书馆的读者中以青少年居多，他们和互联网一起成长，网络阅读渐成习惯。其次，数字图书馆提供的服务不仅方便、快捷，而且灵活多样，可在全球范围内寻找读书资源。但是，基于传统图书馆馆藏资料的历史性、完整性以及丰富性，需要到其学习、研究的读者大有人在。有需求就会有市场，它们各自有需求者，因此有各自的发展市场。

8.2.6.2 主要问题

1. 资源浪费问题

从数字图书馆概念的提出到现在只有短短八年时间，许多高校图书馆纷纷投身于数字图书馆的建设行列。由于缺乏统一的规划与协调，数字图书馆标准不一，相关立法尚未制定和执行，各单位之间的利益又难以找到彼此都认同的平衡点。同时，有的单位由于急功近利而片面地追求数字化资源的量，有的单位则忽视自身馆藏的特点和学校教学的实际情况，这就造成中国不少高校盲目地建设数字图书馆，合作建设少、各为为政多的问题比较突出。各数字图书馆的用户检索界面、检索语言和管理系统等存在较大差异，不同馆的数据库各不兼容，各系统之间难以相互联通、应用，大量的财力、人力、物力资源浪费在低水平的重复建设上。

2. 信息版权问题

计算机技术、自动化技术和网络技术的高速发展，使文献资源的格式转换、数字化作品的复制、下载、盗版等变得更加容易，数字化作品的知识产权保护问题比传统纸质文献也更为复杂和突出。根据著作权法，上载作品必须取得作品权利人同意，但是资源库容量庞大的数字图书馆要取得每一位作品权利人的授权在现实中非常困难，在数字图书馆的有关立法中不能再套用那些陈旧的、与自身建设和发展特点不符的法规。

3. 建设资金问题

数字图书馆建设是一个庞大、系统、长期的工程，硬件设备和软件资源的购置、网络布线工程、人员培训、数字化资源的更新、馆藏文献的数字化转换等等，都需要充足的经费作后盾，但经费不足偏偏又是困扰高校图书馆发展的老大难问题。重点大学及进入"211工程"的大学数字图书馆建设与开发有专项拨款，而普通高校图书馆经费来源单一，主要依靠学校拨款，图书、刊物价格大幅度上涨，以致许多图书馆连每年的纸质文献购置、业务培训、科研、奖励等各项基本经费都难以维持，开展数字图书馆建设更是举步维艰。

4. 图书馆员素质问题

中国高校图书馆员队伍整体现状是专业知识和技能普遍不能适应数字图书馆发展的要求。随着数字图书馆的兴起，馆员队伍中专业人员与技术人员少、工作热情欠缺、老龄化等现实问题显得更为尖锐。由于图书馆地位历来没受到足够重视，各大高校中普通馆员与教师仿佛是两个相差极大的级别而接受截然不同的待遇，致使图书情报专业、计算机专业、自动化专业等方面的人才择业时很少会将图书馆置于优先考虑的范围，这也是一直以来高校图书馆高素质人才难以引进、馆内人才纷纷跳槽另谋高就的重要原因。对现有馆员队伍缺乏系统的、有计划的在职培训，馆员的业务水平难以出现质的提高，知识结构和观念落后陈旧，无法适应提供数学化信息资源服务的要求，这也是不容忽视的问题。

8.3 实训：超星数字图书馆的使用

超星数字图书馆成立于1993年，是国内专业的数字图书馆解决方案提供商和数字图书资源供应商。超星数字图书馆是国家"863计划"中国数字图书馆示范工程项目，2000年1月在互联网上正式开通。它由北京世纪超星信息技术发展有限责任公司投资兴建，为目前世界上最大的中文在线数字图书馆，可提供大量的电子图书资源，其中包括文学、经济、计算机等五十余大类，数百万册电子图书，500万篇论文，全文总量13亿余页，数据总量1 000 000 GB，大量免费电子图书，超16万集的学术视频，拥有超过35万授权作者，5300位名师，1000万注册用户并且每天仍在不断的增加与更新。

8.3.1 超星数字图书馆的特点

（1）海量存储。其中包括中图法设定的所有类别，全文总量达4亿余页，20余万种，论文300万篇，数据总量3×10^4 GB，并且每天仍在以约50种的速度不断增加与更新。

（2）优质服务。可提供24小时连续在线服务，只要用户上网就可随时进入该馆，不受地域和时间的限制。节假日不休息的在线技术人员和客户服务人员，可通过服务热线电话、在线论坛和电子邮件3种方式为用户随时解答疑难问题。

（3）利用方式多样。超星e书不仅可直接在线阅读，还提供下载（借阅）、复制和打印等多种图书浏览、阅读和利用方式。

（4）检索功能强大。超星e书具有8种可单独或组合检索的检索途径。e书的智能检索与在线找书专家的共同引导，可以帮助用户及时准确地查找和阅读到所需的e书文献。

（5）技术先进。超星e书格式与超星阅览器的技术较为成熟先进，开创了独有的流式阅读技术，且具有书签和交互式标注等多种实用功能。专门设计的PDG格式具有良好的显示效果，适合在网上使用。超星阅览器是国内目前技术较为成熟和创新点较多的专业阅览器，具有阅读、资源整理、网页采集、e书制作等一系列功能。网站与阅览器之间具有良好的联通与互动功能，可随时任意地实现由网站到阅览器，或由阅览器到网站之间的切换，实现二者的优势互补。

8.3.2 选择检索方式

1. 初级检索

按图书的书名、作者、全文检索等字段进行单项模糊查询，如图 8-1 所示。检索出来的结果可以按照出版日期、书名等进行排序。

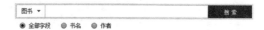

图 8-1 超星初级检索界面

2. 分类导航检索

按照中图法分类，逐级向下进行查询，如图 8-2 所示。

图 8-2 超星分类导航界面

8.3.3　检索案例

以检索到陈庄主编的《计算机网络安全技术》为例，介绍超星图书馆使用过程。

第一步：打开检索页面，如图 8-3 所示。

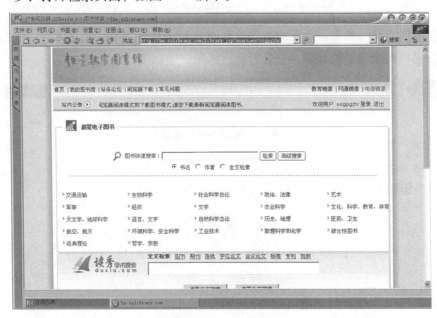

图 8-3　超星检索界面

第二步：检索有关计算机网络安全的书目，如图 8-4 所示。

图 8-4　超星检索结果界面

第三步：选择第二条书目《计算机网络安全技术》在线阅读，如图8-5所示。

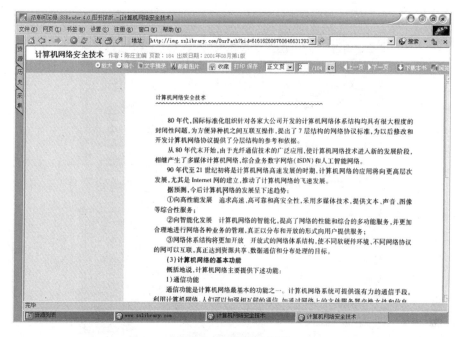

图8-5　超星阅读界面

第四步：下载本书供以后阅读，如图8-6所示。

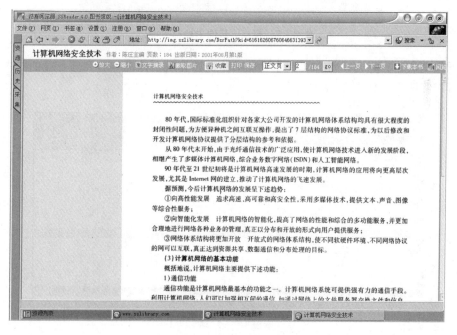

图8-6　超星下载界面

第五步：在下载对话框中个人图书馆下新建一个名为计算机的文件夹，并设置好存放路径，如图 8 - 7 所示。

图 8 - 7　超星下载图书保存界面

下载完成后，点击资源即可在个人图书馆的计算机文件夹下看到已下载的图书，双击就可以阅读了，如图 8 - 8 所示。

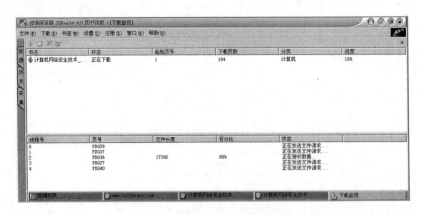

图 8 - 8　超星个人图书馆界面

利用工具栏上的按钮，可以放大/缩小文字，复制文字、图片等，还可以进行标注，如图 8-9 所示。

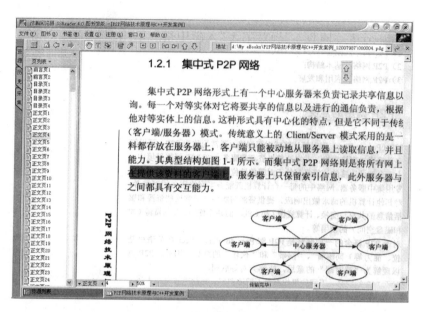

图 8-9　超星编辑界面

第四篇　数据库基础

9 数据库基础知识

数据库技术从 20 世纪 60 年代诞生到现在，在半个世纪的时间里，经历了三代演变，形成了坚实的理论基础、成熟的商业产品和广泛的应用领域，成为计算机领域中最重要的技术之一。它是软件学科中一个独立的分支。随着信息技术和市场的发展，特别是 20 世纪 90 年代以后，数据库系统在各个领域都得到了广泛的应用，如企业信息管理、金融业务、医疗卫生、商业服务、信息检索、人口普查与统计、档案管理等等。数据库已经成为人们社会生活密不可分的重要组成部分。

9.1 数据与数据库的基本概念

9.1.1 数据的概念

数据是数据库中存储的基本对象。数据是指对客观事件进行记录并可以鉴别的符号，是对客观事物的性质、状态以及相互关系等进行记载的物理符号或这些物理符号的组合。它是可识别的、抽象的符号。

数据不仅指狭义上的数字，也可以是具有一定意义的文字、字母、数字符号的组合、图形、图像、视频、音频等，还可以是客观事物的属性、数量、位置及其相互关系的抽象表示。例如，"0、1、2…""阴、雨、下降、气温""学生的档案记录""货物的运输情况"等都是数据。数据经过加工后就成为信息。

在计算机科学中，数据是指所有能输入到计算机并被计算机程序处理的符号的介质的总称，是用于输入电子计算机进行处理，具有一定意义的数字、字母、符号和模拟量等的通称。现在计算机存储和处理的对象十分广泛，表示这些对象的数据也随之变得越来越复杂。

9.1.2 数据库的概念

数据库是长期储存在计算机内、有组织的、可共享的数据集合。数据库中的数据以一定的数据模型组织、描述和储存在一起，具有尽可能小的冗余度、较高的数据独立性和易扩展性的特点，并可在一定范围内为多个用户共享。

这种数据集合具有如下特点：尽可能不重复，以最优方式为某个特定组织的多种应用服务，其数据结构独立于使用它的应用程序，对数据的增、删、改、查由统一软件进行管理和控制。

9.1.3 数据库系统

数据库系统(database system)是由数据库及其管理软件组成的系统。数据库系统是为适应数据处理的需要而发展起来的一种较为理想的数据处理系统，也是一个为实际可运行的存储、维护和应用系统提供数据的软件系统，是存储介质、处理对象和管理系统的集合体。

9.2 数据管理技术的发展

数据管理技术具体就是指人们对数据进行收集、组织、存储、加工、传播和利用的一系列活动的总和，经历了人工管理、文件管理、数据库管理三个阶段。每一阶段的发展以数据存储冗余不断减小、数据独立性不断增强、数据操作更加方便和简单为标志，各有各的特点。

9.2.1 人工管理阶段

在计算机出现之前，人们运用常规的手段从事记录、存储和数据加工，也就是利用纸张来记录和利用计算工具(算盘、计算尺)来进行计算，并主要使用人的大脑来管理和利用这些数据。

到了20世纪50年代中期，计算机主要用于科学计算。当时没有磁盘等直接存取设备，只有纸带、卡片、磁带等外存，也没有操作系统和管理数据的专门软件。数据处理的方式是批处理。该阶段管理数据的特点是：

(1)数据不保存。因为当时计算机主要用于科学计算，对于数据保存的需求尚不迫切。

(2)系统没有专用的软件对数据进行管理，每个应用程序都包括数据的存储结构、存取方法和输入方法等。程序员编写应用程序，还要安排数据的物理存储，因此程序员负担很重。

(3)数据不共享。数据是面向程序的，一组数据只能对应一个程序。

(4)数据不具有独立性。程序依赖于数据，如果数据的类型、格式或输入/输出方式等逻辑结构或物理结构发生变化，则必须对应用程序做出相应的修改。

9.2.2 文件系统阶段

20世纪50年代后期到60年代中期，随着计算机硬件和软件的发展，磁盘、磁鼓等直接存取设备开始普及，这一时期的数据处理系统是把计算机中的数据组织成相互独立的被命名的数据文件，并可按文件的名字进行访问，对文件中的记录进行存取的数据管理技术。数据可以长期保存在计算机外存上，可以对数据进行反复处理，并支持文件的查询、修改、插入和删除等操作，这就是文件系统。文件系统实现了记录内的结构化，但从文件的整体来看却是无结构的。

在文件系统阶段，数据以文件为单位存储在外存，且由操作系统统一管理，文件是操作系统管理的重要资源。文件系统阶段的数据管理的特点是：

（1）数据以"文件"形式，可长期保存在外部存储器的磁盘上。

（2）数据的逻辑结构与物理结构有所区别，程序和数据分离，使数据与程序有了一定的独立性。

（3）文件组织已多样化。有索引文件、链接文件和直接存取文件等，但文件之间相互独立、缺乏联系，数据之间的联系需要通过程序去构造。

（4）数据不再属于某个特定的程序，可以重复使用，即数据面向应用。但是文件结构的设计仍是基于特定的用途，程序基于特定的物理结构和存取方法，因此程序与数据结构之间的依赖关系并未根本改变。

（5）用户的程序与数据可分别存放在外存储器上，各个应用程序可以共享一组数据，实现了以文件为单位的数据共享文件系统。

（6）对数据的操作以记录为单位。这是由于文件中只存储数据，不存储文件记录的结构描述信息。文件的建立、存取、查询、插入、删除、修改等操作都要用程序来实现。

（7）数据处理方式有批处理，也有联机实时处理。

文件系统对计算机数据管理能力的提高虽然起了很大的作用，但随着数据管理规模的扩大，数据量急剧增加，文件系统显露出一些，问题，主要表现在：

（1）数据文件是为了满足特定业务领域某一部门的专门需要而设计，数据和程序相互依赖，数据缺乏足够的独立性。

（2）数据没有集中管理的机制，其安全性和完整性无法保障，数据维护业务仍然由应用程序来承担。

（3）数据的组织仍然是面向程序，数据与程序的依赖性强，数据的逻辑结构不能方便地修改和扩充，数据逻辑结构的每一点微小改变都会影响到应用程序；而且文件之间缺乏联系，因而它们不能反映现实世界中事物之间的联系。加上操作系统不负责维护文件之间的联系，造成每个应用程序都有相对应的文件。如果文件之间有内容上的联系，那也只能由应用程序去处理，有可能同样的数据在多个文件中重复储存。这造成了大量的数据冗余。

（4）对现有数据文件不易扩充，不易移植，难以通过增、删数据项来适应新的应用要求。

9.2.3　数据库系统阶段

20 世纪 60 年代后，计算机性能得到进一步提高，出现了大容量磁盘，使存储容量大大增加且价格下降，克服了文件系统管理数据的不足，满足和解决了实际应用中多个用户、多个应用程序共享数据的要求，从而使数据能为尽可能多的应用程序服务，出现了数据库这样的数据管理技术。数据库的特点是数据不再只针对某一个特定的应用，而是面向全组织，具有整体的结构性，共享性高，冗余度减小，具有一定的程序与数据之间的独立性，并且对数据进行统一的控制。

该阶段数据库系统的特点：

1. 数据结构化

在描述数据时不仅要描述数据本身，还要描述数据之间的联系。数据结构化是数据库的主要特征之一，也是数据库系统与文件系统的本质区别。

2. 数据共享性高、冗余少且易扩充

数据不再针对某一个应用，而是面向整个系统，数据可被多个用户和多个应用共享使用，而且容易增加新的应用，所以数据的共享性高且易扩充。数据共享可大大减少数据冗余。

3. 数据独立性高

数据的独立性包括数据的物理独立性和数据的逻辑独立性。物理独立性是指用户的应用程序与存储在磁盘上的数据库中的数据是相互独立的。逻辑独立性是指用户的应用程序与数据库的逻辑结构是相互独立的。数据与程序的独立，把数据的定义从程序中分离出来，从而简化了应用程序的编制，大大减少了应用程序的维护和修改。

4. 数据由数据库管理系统（DBMS）统一管理和控制

数据库为多个用户和应用程序所共享，对数据的存取往往是并发的，即多个用户可以同时存取数据库中的数据，甚至可以同时存放数据库中的同一个数据。为确保数据库数据的正确有效和数据库系统的有效运行，数据库管理系统提供以下 4 方面的数据控制功能。

（1）数据安全性控制：防止因不合法使用数据而造成数据的泄露和破坏，保证数据的安全和机密。

（2）数据的完整性控制：系统通过设置一些完整性规则，以确保数据的正确性、有效性和相容性。

（3）并发控制：多用户同时存取或修改数据库时，防止相互干扰而给用户提供不正确的数据，并使数据库受到破坏。

（4）数据恢复（recovery）：当数据库被破坏或数据不可靠时，系统有能力将数据库从错误状态恢复到最近某一时刻的正确状态。

9.2.4 数据管理技术三个阶段特点的比较

如果说从人工管理到文件系统是计算机开始应用于数据的实质进步，那么从文件系统到数据库系统，标志着数据管理技术质的飞跃。20 世纪 80 年代后不仅在大、中型计算机上实现并应用了数据管理的数据库技术，如 Oracle、Sybase、Informix 等，在微型计算机上也可使用数据库管理软件，如常见的 Access、FoxPro 等软件，使数据库技术得到广泛的应用和普及。

9.3 数据模型

数据模型（data model）是数据特征的抽象，是数据库管理的教学形式框架，是数据库系统中用以提供信息表示和操作手段的形式构架。数据模型包括数据库数据的结构部分、数据库数据的操作部分和数据库数据的约束条件。

（1）数据结构：数据模型中的数据结构主要描述数据的类型、内容、性质以及数据间的联系等。数据结构是数据模型的基础，数据操作和约束都基本建立在数据结构上。不同的数据结构具有不同的操作和约束。

（2）数据操作：数据模型中数据操作主要描述在相应的数据结构上的操作类型和操作方式。

（3）数据约束：数据模型中的数据约束主要描述数据结构内数据间的语法、词义联系、它们之间的制约和依存关系，以及数据动态变化的规则，以保证数据的正确、有效和相容。

9.3.1　数据模型的分类

数据模型按不同的应用层次分为概念数据模型、逻辑数据模型、物理数据模型三种类型。

1. 概念数据模型

概念数据模型（conceptual data model）是面向数据库用户的现实世界的模型，主要用来描述世界的概念化结构，它使数据库的设计人员在设计的初始阶段摆脱计算机系统及数据管理系统（database management system，简称DBMS）的具体技术问题，集中精力分析数据与数据之间的联系等，与具体的DBMS无关。概念数据模型必须换成逻辑数据模型，才能在DBMS中实现。

概念模型用于信息世界的建模，应该具有较强的语义表达能力，能够方便直接表达应用中的各种语义知识，它还应该简单、清晰、易于用户理解。

2. 逻辑数据模型

逻辑模型（logical data model）是用户从数据库所看到的模型，是具体的DBMS所支持的数据模型，如网状数据模型（network data model）、层次数据模型（hierarchical data model）等等。此模型既要面向用户，又要面向系统，主要用于DBMS的实现。

3. 物理数据模型

物理数据模型（physical data model）是面向计算机物理表示的模型，描述了数据在储存介质上的组织结构，它不但与具体的DBMS有关，而且还与操作系统和硬件有关。每一种逻辑数据模型在实现时都有其对应的物理数据模型。DBMS为了保证其独立性与可移植性，大部分物理数据模型的实现工作由系统自动完成，而设计者只设计索引、聚集等特殊结构。

9.3.2　数据库系统中常用的数据模型

层次模型、网状模型和关系模型是三种重要的数据模型。这三种模型是按其数据结构而命名的。

1. 层次模型

层次模型是将数据组织成一对多关系的结构，层次结构采用关键字来访问其中每一层次的每一部分。

层次模型的优点是存取方便且速度快；结构清晰，容易理解；数据修改和数据库扩展容易实现；检索关键属性十分方便。缺点是结构呆板，缺乏灵活性；同一属性数据要存储多次，数据冗余大（如公共边）；不适合于拓扑空间数据的组织。

2. 网状模型

网状模型是用连接指令或指针来确定数据间的显式连接关系，是具有多对多类型的数据组织方式。

网状模型的优点是能明确而方便地表示数据间的复杂关系，数据冗余小。缺点是复杂的网状结构，增加了用户查询和定位的困难；需要存储数据间联系的指针，使得数据量增大；数据的修改不方便（指针必须修改）。

3. 关系模型

关系模型以记录组或数据表的形式组织数据，以便于利用各种地理实体与属性之间的关系进行存储和变换，不分层也无指针，是建立空间数据和属性数据之间关系的一种非常有效的数据组织方法。

关系模型的优点是结构特别灵活，概念单一，满足所有布尔逻辑运算和数学运算规则形成的查询要求；能搜索、组合和比较不同类型的数据；增加和删除数据非常方便；具有更高的数据独立性、更好的安全保密性。缺点是数据库大时，查找满足特定关系的数据费时；对空间关系无法满足。

9.3.3 数据库系统

数据库系统（data base system，简称 DBS）是由数据库及其管理软件组成的系统。数据库系统是为适应数据处理的需要而发展起来的一种较为理想的数据处理系统，也是一个为实际可运行的存储、维护和应用系统提供数据的软件系统，是存储介质、处理对象和管理系统的集合体。

9.3.3.1 数据库系统的组成

1. 数据库

数据库（database，DB）是指长期存储在计算机内的，有组织、可共享的数据的集合。数据库中的数据按一定的数学模型组织、描述和存储，具有较小的冗余，较高的数据独立性和易扩展性，并可为各种用户共享。

2. 硬件

硬件是构成计算机系统的各种物理设备，包括存储所需的外部设备。硬件的配置应满足整个数据库系统的需要。

3. 软件

软件包括操作系统、数据库管理系统及应用程序。数据库管理系统是数据库系统的核心软件，是在操作系统的支持下工作，解决如何科学地组织和存储数据、如何高效获取和维护数据的系统软件。其主要功能包括：数据定义功能、数据操纵功能、数据库的运行管理和数据库的建立与维护。

4. 人员

人员主要有4类。第一类为系统分析员和数据库设计人员：系统分析员负责应用系统的需求分析和规范说明，他们和用户及数据库管理员一起确定系统的硬件配置，并参与数据库系统的概要设计。数据库设计人员负责数据库中数据的确定、数据库各级模式的设计。第二类为应用程序员，负责编写使用数据库的应用程序。这些应用程序可对数据进行检索、建立、删除或修改。第三类为最终用户，他们利用系统的接口或查询语言访问数据库。第四类是数据库管理员（data base administrator，DBA），负责数据库的总体信息控制。DBA的具体职责包括：确定具体数据库中的信息内容和结构，决定数据库的存储结构和存取策略，定义数据库的安全性要求和完整性约束条件，监控数据库的使用和运行，负责数据库的性能改进、数据库的重组和重构，以提高系统的性能。

9.3.3.2 数据库系统的基本要求

（1）能够保证数据的独立性。数据和程序相互独立有利于加快软件开发速度，节省开发费用。

（2）冗余数据少，数据共享程度高。

（3）系统的用户接口简单，用户容易掌握，使用方便。

（4）能够确保系统运行可靠，出现故障能迅速排除；能够保护数据不受非授权者访问或破坏；能够防止错误数据的产生，一旦产生也能及时发现。

（5）有重新组织数据的能力，能改变数据的存储结构或数据存储位置，以适应用户操作特性的变化，改善由于频繁插入、删除操作造成的数据组织零乱和时空性能变坏的状况。

（6）具有可修改性和可扩充性。

（7）能够充分描述数据间的内在联系。

9.3.4 数据库管理系统

数据库管理系统是一种操纵和管理数据库的大型软件，用于建立、使用和维护数据库。它对数据库进行统一的管理和控制，以保证数据库的安全性和完整性。用户通过DBMS访问数据库中的数据，数据库管理员也通过DBMS进行数据库的维护工作。

DBMS是数据库系统的核心，是管理数据库的软件。它实现把用户意义下抽象的逻辑数据处理转换成为计算机中具体的物理数据处理。有了DBMS，用户就可以在抽象意义下处理数据，而不必顾及这些数据在计算机中的布局和物理位置。

数据库管理系统的主要功能有：

（1）数据定义：DBMS提供数据定义语言DDL（data definition language），供用户定义数据库的三级模式结构、两级映像以及完整性约束和保密限制等约束。DDL主要用于建立、修改数据库的库结构。DDL所描述的库结构仅仅给出了数据库的框架，数据库的框架信息被存放在数据字典（data dictionary）中。

（2）数据操作：DBMS提供数据操作语言DML（data manipulation language），供用户实现对数据的追加、删除、更新、查询等操作。

（3）数据库的运行管理：包括多用户环境下的并发控制、安全性检查和存取限制控制、完整性检查和执行、运行日志的组织管理、事务的管理和自动恢复，即保证事务的原子性。这些功能保证了数据库系统的正常运行。

（4）数据组织、存储与管理：DBMS 要分类组织、存储和管理各种数据，包括数据字典、用户数据、存取路径等，需确定以何种文件结构和存取方式在存储级上组织这些数据，如何实现数据之间的联系。数据组织和存储的基本目标是提高存储空间利用率，选择合适的存取方法以提高存取效率。

（5）数据库的保护：数据库中的数据是信息社会的战略资源，所以数据的保护至关重要。DBMS 对数据库的保护通过 4 个方面来实现，即数据库的恢复、数据库的并发控制、数据库的完整性控制、数据库安全性控制。DBMS 的其他保护功能还有系统缓冲区的管理以及数据存储的某些自适应调节机制等。

（6）数据库的维护：包括数据库的数据载入、转换、转储、数据库的重组和重构以及性能监控等功能。这些功能分别由各个使用程序来完成。

（7）通信：DBMS 具有与操作系统的联机处理、分时系统及远程作业输入的相关接口，负责处理数据的传送。对网络环境下的数据库系统，还包括 DBMS 与网络中其他软件系统的通信功能以及数据库之间的互操作功能。

9.3.5　关系数据库系统

关系数据库是建立在关系数据库模型基础上的数据库，借助于集合代数等概念和方法来处理数据库中的数据。关系数据库系统是目前效率最高的一种数据库系统，Access就是基于关系模型的数据库系统。

关系模型主要由关系数据结构、关系操作和关系完整性约束三部分组成。

1. 关系数据结构

关系模型中关系数据结构是指二维表。这种数据结构虽然简单，却能够描述现实世界的实体以及实体间的各种联系。例如，学生成绩的相关信息可以被存到一个数据库中，并在数据库中建立多个表，用来分别存储学生基本信息、课程基本信息、成绩信息等。

2. 关系操作

关系操作采用集合操作方式，即操作的对象和结果都是集合。关系模型中常用的关系操作包括两类。一类是查询操作，如选择、投影、连接、除、并、交、差等操作；另一类是其他操作，如增加、删除、修改等操作。

3. 关系完整性约束

关系完整性约束是指对要建立关联关系的两个关系的主关键字和外部关键字设置的约束条件以及用户对关系中属性取值的自定义限制条件，并以此确保数据库中数据的正确性和一致性。关系数据模型的操作必须满足关系的完整性约束条件。关系的完整性约束条件包括用户自定义的完整性、实体完整性和参照完整性三种。

9.4 实训一：Access 2010 的基本操作

Microsoft Office Access 是由微软发布的关系数据库管理系统。它结合了 Microsoft Jet Database Engine 和 图形用户界面两项特点，是 Microsoft Office 的系统程序之一。

Microsoft Office Access 是微软把数据库引擎的图形用户界面和软件开发工具结合在一起的一个数据库管理系统。

9.4.1 用途

Microsoft Access 在许多领域得到了广泛使用，如小型企业、大公司的部门。Access 的用途主要体现在两个方面：

1. 用来进行数据分析

Access 有强大的数据处理、统计分析能力，利用 Access 的查询功能，可以方便地进行各类汇总、平均等统计，并可灵活设置统计的条件。比如在统计分析上万条记录、十几万条记录及以上的数据时速度快且操作方便，这一点 Excel 无法与之相比。Access 的使用大大提高了工作效率和工作能力。

2. 用来开发软件

Access 可用来开发软件，比如生产管理、销售管理、库存管理等各类企业管理软件，其最大的优点是：易学。非计算机专业的人员也能学会。低成本地满足了那些从事企业管理工作的人员的管理需要，通过软件来规范同事、下属的行为，推行其管理思想。实现了管理人员(非计算机专业毕业)开发出软件的"梦想"，从而转型为"懂管理 + 会编程"的复合型人才。另外，在开发一些小型网站 WEB 应用程序时，Access 用来存储数据。

除此以外，Access 还有其他用途。例如，作为表格模板，只需键入需要跟踪的内容，Access 便会使用表格模板提供能够完成相关任务的应用程序。Access 还可处理字段、关系和规则的复杂计算，以便我们能够集中精力处理项目。我们将拥有一个全新的应用程序，其中包含能够立即启动并运行的自然 UI 创建和运行旧数据库，尽情享用对现有桌面数据库的支持。

9.4.2 特点

1. 构建应用程序

使用 SharePoint 服务器或 Office 365 网站作为主机，能够生成一个完美的基于浏览器的数据库应用程序。在本质上，Access 应用程序使用 SQL Server 来提供最佳性能和数据完整性。

2. 表模板

使用预先设计的表模板来将表快速添加到应用程序。如果要跟踪任务，则搜索任务模板并单击所需的模板。

3. 外部数据

可从 Access 桌面数据库、Microsoft Excel 文件、ODBC 数据源、文本文件和 SharePoint 列表导入数据。

4. 自动创建界面，包括导航

Access 应用程序无需构建视图、切换面板和其他用户界面（UI）元素。表名称显示在窗口的左边缘，每个表的视图显示在顶部。

5. 操作栏

每个内置视图均具备一个操作栏，其中包含用于添加、编辑、保存和删除项目的按钮。可以添加更多按钮到此操作栏以运行所构建的任何自定义宏，或者删除不想让用户使用的按钮。

6. 更易修改视图

应用程序允许我们无需先调整布局，即可将控件放到所需的任意位置。只需拖放控件即可，其他控件会自动移开以留出空间。

7. 属性设置标注

无需在属性表中搜索特定设置，这些设置都方便地位于每个分区或控件旁边的标注内。

8. 处理相关数据

相关项目控件提供快速列出和汇总相关表或查询中的数据的方法。单击项目以打开该项目的详细信息视图。

自动完成控件可从相关表中查找数据。它是一个组合框，其工作原理更像一个即时搜索框。

9. 钻取链接

钻取按钮可快速查看相关项目的详细信息。Access 应用程序处理后台逻辑以确保显示正确的数据。

10. 新部署选项

新部署选项更好地控制修改此应用程序的权限。创作者可更改数据，但无法更改设计；读者只可读取现有数据。

Access 应用程序可另存为包文件，然后添加到企业目录或 Office 应用商店。在 Office 应用商店，可以免费分发应用程序，也可以收取一定费用，赚些零用钱。

9.4.3 基本操作

9.4.3.1 启动 Access 2010

Access 是 Windows 环境中的应用程序，可以使用 Windows 环境中启动应用程序的一般方法启动 Access。

常用的方法如下。

（1）选择"开始"→"所有程序"→"Microsoft Office"→"Microsoft Access 2010"命令，可以启动 Access。

（2）如果 Windows 桌面上创建了 Access 快捷方式图标，那么双击该图标也可以启动

Access。

(3)选择"开始"→"所有程序"→"附件"→"运行"命令,弹出"运行"对话框,输入"msaccess. exe",然后单击"确定"按钮,即可启动 Access 程序。

(4)在 Windows 环境中使用打开文件的一般方法打开 Access 创建的数据库文件,可以启动 Access,同时可以打开该数据库文件。

9.4.3.2　Access 的工作界面

当打开一个数据库文件时,将出现如图9-1所示的工作界面。该主窗口主要包括标题栏、快速访问工具栏、工作区、导航窗格和状态栏。当前,窗口工作区右边还有一个"开始工作"任务窗格。

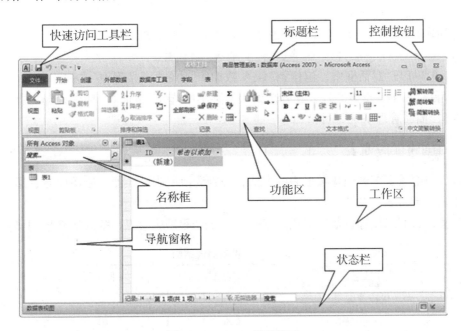

图9-1　Access 首页界面

9.4.3.3　退出 Access

使用 Windows 环境中退出应用程序的一般方法,即可方便地退出 Access。

常用的方法如下:

(1)单击 Access 主窗口中的"关闭"按钮,可以关闭主窗口,同时退出 Access。

(2)选择"文件"→"退出"命令,也可以退出 Access。

(3)先单击主窗口的控制图标,打开对应的菜单,再选择该菜单中的"关闭"命令。

(4)双击主窗口的控制图标。

(5)按"Alt + F4"组合键。

退出 Access 时,如果还有没有保存的数据,那么系统将显示一个对话框,询问是否保存对应的数据。

9.4.3.4　新建数据库文件

(1)单击左侧窗格中的"新建"命令,在中间窗格中选择"空数据库"选项。

（2）在右侧的"文件名"文本框中输入新建文件的名称"商品管理"。

（3）单击"文件名"文本框右侧的"浏览到某个位置来存放数据库"按钮，打开"文件新建数据库"对话框。

（4）设置数据库文件的保存位置为"D：\数据库"。

（5）设置保存类型。在"保存类型"下拉列表中选择"Microsoft Access 2007 数据库"类型，即扩展名为". Accdb"，单击"确定"按钮，返回 Backstage 视图。

（6）单击"创建"按钮，屏幕上显示"商品管理"数据库窗口。

9.4.3.5　关闭数据库

选择"文件"→"关闭"命令，将"商品管理"数据库文件关闭。

9.4.3.6　重命名数据库

将创建好的"商品管理"数据库重命名为"商品管理系统"。

（1）选择"文件"→"打开"命令，弹出"打开"对话框。

（2）在"打开"对话框中，定位到"D：\数据库"中的"商品管理"文件。

（3）鼠标右键单击该文件，在弹出的快捷菜单中选择"重命名"命令，输入新的数据库文件名"商品管理系统"后按"Enter"键。

9.4.4　创建供应商表

Access 提供了多种创建数据表的方法，分别为使用表设计器、使用向导、通过数据表创建表、导入表以及链接表。

这里，我们采用通过数据表创建表的方式来创建供应商表，结构如表 9 - 1 所示。

表 9 - 1　供应商表结构

字段名称	数据类型	字段大小
供应商编号	文本	4
公司名称	文本	10
联系人	文本	5
地址	文本	30
城市	文本	5
电话	文本	15

（1）在 Access 窗口中，单击"创建"→"表格"→"表"按钮，将创建名为"表 1"的新表。

（2）创建"供应商编号"字段。

①选中"ID"字段列，单击"表格工具"→"字段"→"属性"→"名称和标题"按钮，打开"输入字段属性"对话框。

②在"名称"文本框中将"ID"修改为"供应商编号"，单击"确定"按钮。

③选中"供应商编号"列，单击"表格工具"→"字段"→"格式"→"数据类型"下拉按钮，将数据类型由"自动编号"修改为"文本"。

④在"表格工具"→"字段"→"属性"→"字段大小"文本框中设置字段大小为"4"。

⑤在"供应商编号"字段名下方的单元格中输入"1001"的供应商编号。

（3）创建"公司名称"字段。

①在"单击以添加"下面的单元格中输入"天宇数码"。此时，Access将自动为新字段命名为"字段1"。

②选中"字段1"列，单击"表格工具"→"字段"→"属性"→"名称和标题"按钮，在打开的"输入字段属性"对话框中将"名称"修改为"公司名称"。

③在"表格工具"→"字段"→"属性"→"字段大小"文本框中设置字段大小为"10"。

（4）添加"联系人"字段。

①单击"单击以添加"字段标题，显示"数据类型"列表。

②从"数据类型"列表中选择"文本"类型，光标跳转到将新添加的字段名称"字段1"处，且该名称处于编辑状态，输入新的字段名称"联系人"。

③将字段大小修改为"5"。

（5）用类似的方式，按表中所示的结构，继续添加地址、城市、电话字段。

（6）保存"供应商"表。单击"快速访问工具栏"中的"保存"按钮，显示"另存为"对话框，输入表名称"供应商"，单击"确定"按钮。

（7）按如图9-2所示的信息完善"供应商"表中的记录。

1001	天宇数码	王先生	玉泉路12号	上海	(010)655546
1006	威尔达科技	林小姐	北辰路112号	广州	(020)871345
1008	科达电子	钟小姐	东直门大街500号	北京	(010)829530
1009	力锦科技	刘先生	北新桥98号	深圳	(0755)85559
1011	网众信息	方先生	机场路456号	广州	(020)812345
1015	顺成通讯	刘先生	阜成路387号	重庆	(023)612122
1018	拓达科技	林小姐	正定路178号	济南	(0531)85570
1020	天科电子	徐先生	新华路78号	天津	(020)998451
1021	宏仁电子	李先生	东直门大街153号	北京	(010)654766
1028	涵合科技	王先生	前门大街170号	北京	(010)655559
1103	义美数码	李先生	石景山路51号	北京	(010)899275
1105	长城科技	林小姐	前进路234号	福州	(0591)56032
1205	百达信息	陈小姐	金陵路148号	南京	(025)555529

图9-2　供应商表中的记录

（8）单击数据表视图右上角的"关闭"按钮，表中的记录将自动保存。

9.4.5　创建类别表

使用导入数据的方式，可以通过引入一个已有的外部表到本数据库中来快速创建新表。外部数据源可以是Access数据库和其他格式的数据库中的数据，如XML、HTML等。

这是一种常用的将已有表格转换为Access数据库中表对象的方法。

这里，我们将建好的Excel数据表类别导入商品管理系统数据库中，从而创建类别表。

9.4.5.1 查看已有的 Excel 数据表类别

打开"D:\数据库"中已建好的 Excel"类别.xlsx"工作簿中的"类别"工作表，如图 9-3 所示，查看内容无误后，关闭该表。

	A	B	C	D
1	类别编号	类别名称	说明	图片
2	001	数码产品	便携式DVD、MP4、MP5、电子书、U盘、数码相框	
3	002	笔记本电脑	各类品牌的笔记本电脑	
4	003	装机配件	CPU、光驱、鼠标、键盘、内存条、主板、硬盘	
5	004	网络产品	网卡、Modem、交换机、集线器等	
6	005	办公设备	打印机、传真机、硒鼓、装订机、扫描仪等	
7	006	照相摄像	数码照相机、数码摄像机、读卡器、闪存卡	
8				

图 9-3 类别数据表中的内容

9.4.5.2 打开数据库

打开"D:\数据库"中需要导入数据的数据库"商品管理系统"。

9.4.5.3 导入文件

（1）单击"外部数据"→"导入并链接"→"Excel"按钮，弹出"获取外部数据 - Excel 电子表格"向导对话框，如图 9-4 所示。

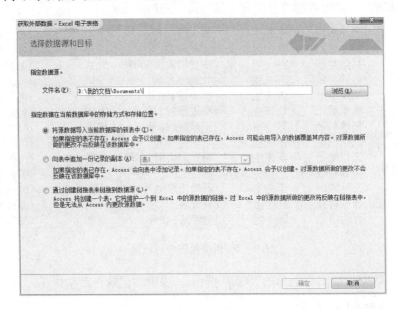

图 9-4 导入数据表向导

（2）选择数据源和目标。单击"浏览"按钮，选择要导入的文件"D:\数据库\类别.xlsx"，在"指定数据在当前数据库中的存储方式和存储位置"选项中选择"将源数据导入当前数据库的新表中"。

（3）单击"确定"按钮，弹出"导入数据表向导"对话框，如图 9-5 所示。

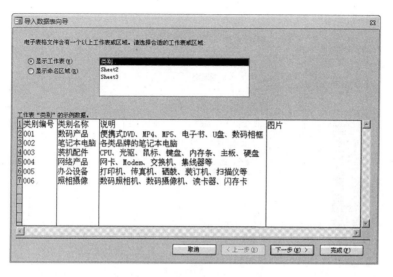

图9-5　导入数据表向导步骤一

（4）选择"类别"工作表，单击"下一步"按钮。

（5）勾选"第一行包含列标题"复选框，这样将使 Excel 表中的列标题成为导入表的字段名，而不是数据行。

（6）单击"下一步"按钮，弹出如图9-6所示的对话框，确定表中需要导入的字段，若不需导入字段，选中"不导入字段（跳过）"复选框；同时可以设置字段的索引。这里为"类别编号"字段设置"有（无重复）"的索引。

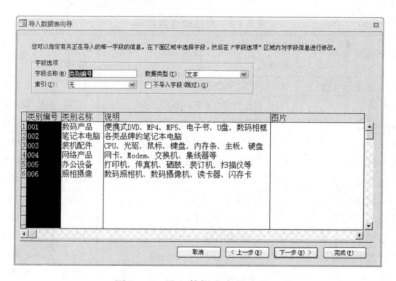

图9-6　导入数据表向导步骤二

（7）单击"下一步"按钮，弹出如图9-7所示的对话框。设置导入表的主键，这里选择"我自己选择主键"，然后从右侧的下拉列表中选择"类别编号"字段。

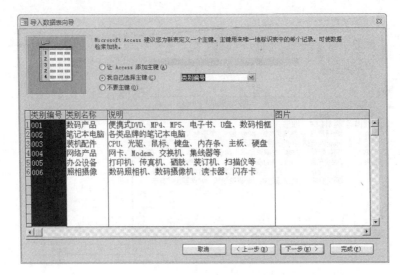

图 9-7　导入数据表向导步骤三

9.4.6　创建商品表

表设计器是创建和修改表结构的有用工具。利用表设计器能最直接地按照设计需求，逐一设计和修改表结构。

这里，我们将使用表设计器来创建如表 9-2 所示的商品信息表。

表 9-2　商品信息表内容

商品编号	商品名称	类别编号	规格型号	供应商编号	单价	数量
0001	爱国者月光宝盒	001	PM5902plus	1103	￥259.00	15
0002	内存条	003	金士顿 DDR3 1600 8G	1006	￥399.00	26
0005	移动硬盘	003	希捷 Backup Plus 新睿品 1TB	1020	￥530.00	9
0006	无线网卡	004	DWA-182 1200M 11AC	1011	￥310.00	16
0007	惠普打印机	005	HP LaserJet Pro P1606dn	1205	￥1,1850.00	5
0008	宏基笔记本电脑	002	V5-471P-33224G50Mass	1018	￥4,300.00	3
0010	Intel 酷睿 CPU	003	酷睿 i7-3770	1006	￥1,999.00	10
0011	佳能数码相机	006	Power Shot G1 X	1001	￥4,188.00	6
0012	三星笔记本电脑	002	NP510R5E-S01CN	1028	￥4,890.0	7
0015	索尼数码摄像机	006	SONY HDR-CX510E	1001	￥4,680.00	4
0017	U 盘	001	hp v220w 32G	1020	￥175.00	30
0021	联想笔记本电脑	002	Lenovo Y400M	1009	￥4,900.00	5
0022	闪存卡	006	SanDisk 32G-Class4	1015	￥130.00	8
0025	硬盘	003	WD500AVDS	1021	￥359.00	15
0030	无线路由器	004	TL-WR740N	1011	￥85.00	18

9.4.6.1 根据表内容分析表结构

商品表是用于记录在编商品基本信息的。

通过分析商品信息表中各字段的数据特点，结合实际工作和生活中的常识、规律及特殊要求，我们确定了表中各字段的基本属性，如表9-3所示。

表9-3 商品表各字段属性表

字段名称	数据类型	字段大小	字段属性	说明
商品编号	文本	4	主键、必填字段、有（无重复）的索引	4位文本型数字的商品编号
商品名称	文本	10	必填字段，有（有重复）的索引	
类别编号	文本/查阅向导	默认	有（有重复）的索引	引用类别表中的类别编号
规格型号	文本	30		
供应商编号	文本/查阅向导	默认	有（有重复）的索引	引用供应商表中的供应商编号
单价	货币		默认值为0，必须输入大于0的数字，输入无效数据时提示"单价应为正数！"	
数量	数字	整型	常规数字，小数位数为0，默认值为0，必须输入≥0的数字，输入无效数据时提示"数量应为正整数！"	

9.4.6.2 使用设计器创建商品表的结构

（1）打开"商品管理系统"数据库。

（2）单击"创建"→"表格"→"表设计"按钮，打开表设计视图。

（3）设置"商品编号"字段。

① 输入字段名称"商品编号"。

② 设置数据类型为"文本"。

③ 在字段说明中输入"4位文本型数字的商品编号"。

④ 单击"表格工具"→"设计"→"工具"→"主键"按钮，将该字段设置为本表的主键。

⑤ 在"字段属性"部分设置字段的属性。

（4）设置"商品名称"字段。

（5）设置"类别编号"字段。

① 输入字段名称"类别编号"。

② 设置数据类型为"查阅向导"，弹出"查阅向导"对话框。

a. 选择查阅列的数据来源。这里选择"使用查阅字段获取其他表或查询中的值（T）"，然后单击"下一步"按钮。

b. 选择已有的表或查询作为提取字段的来源，这里选择已有的"类别"表，然后单击"下一步"按钮。

c. 在"可用字段"中选择"类别编号"作为查阅字段的数据来源，双击"选中的字段"或单击按钮，将其加入"选定字段"中。设置完后单击"下一步"按钮。

d. 选择作为排序依据的字段，排序可以是升序或降序，以便在输入时，下拉列表按一定的顺序排列值。设置完成后单击"下一步"按钮。

e. 指定查阅列的宽度，这将在输入数据时有所体现。设置完后单击"下一步"按钮。

f. 为查阅列指定标签，这里会提取该字段的名称作为默认的标签。

g. 单击"完成"按钮，弹出提示对话框，因为表间数据的引用会自动创建两张表之间的关系。单击"是"按钮，以"商品"为名保存表。

③ 在字段说明中输入"引用类别表中的类别编号"。

④ 设置字段索引为"有（有重复）"。

（6）按表中所示的结构设置"规格型号"字段。

（7）按表中所示的结构设置"供应商编号"字段。查阅字段引用供应商表中的"供应商编号"，方法同"类别编号"的设置方法。

（8）设置"单价"字段。

① 输入字段名称"单价"。

② 设置数据类型为"货币"。

③ 设置字段属性。格式为"货币"，小数位数为"自动"，默认值为"0"，有效性规则为"＞0"，有效性文本为"单价应为正数！"。

（9）设置"数量"字段，方法类似"单价"字段的设置。

（10）单击快速访问工具栏上的"保存"按钮，保存"商品"表的结构。单击"关闭"按钮，关闭表设计器。

9.4.7 修改供应商表

对于通过输入数据表的方式创建的表，如果需要进一步修改表结构，需要通过表设计器按照实际需要对表进行一定的修改。

供应商表结构的其他属性如表9-4所示。

表9-4 供应商表其他表结构属性

字段名称	字段属性
供应商编号	主键、必填字段、有（无重复）的索引
公司名称	必填字段、有（有重复）的索引

(1)在左侧的导航窗口中，用鼠标右键单击"供应商"表，打开快捷菜单。选择"设计视图"命令，打开供应商表的设计视图。

(2)参考表9-4，修改"供应商编号"字段。

(3)参考表9-4，修改"公司名称"字段的属性。

(4)修改完毕，单击快速访问工具栏中的"保存"按钮保存表结构，此时，会弹出提示数据完整性规则已经更改的对话框。单击"是"按钮，完成供应商表结构的修改。

(5)单击表设计的"关闭"按钮，关闭供应商表。

9.4.8 修改类别表

由于类别表是采用导入方式创建的，所有字段均为默认数据类型和字段属性，因此必须进行适当的修改，才能满足数据存储的需要。类别表的结构如表9-5所示。

表9-5 类别表结构属性表

字段名称	数据类型	字段大小	其 他 设 置	说 明
类别编号	文本	3	主键、必填字段、有(无重复)的索引	
类别名称	文本	15	必填字段、有(有重复)的索引	商品类别名称
说明	备注			
图片	OLE 对象			描绘商品类别的图片

(1)打开类别表的设计视图。

(2)参照表9-5，修改"类别编号"字段。

① 数据类型保持默认的文本，设置字段大小为3，弹出不能修改字段大小的提示对话框。

② 单击"确定"按钮，取消类别表和商品表的关系。

③ 参考表9-5，继续修改类别编号字段的字段大小和其他字段属性。

(3)参考表9-5，修改其余字段的数据类型、字段大小和字段属性。

(4)修改完毕，保存表结构时，会弹出提示，警告由于改变了字段的大小，也许会造成数据丢失，询问是否继续。

(5)单击"是"按钮，弹出提示数据完整性规则已经更改的对话框。单击"是"按钮，完成类别表结构的修改。

9.4.9 编辑商品表和类别表的记录

表设计完成后，需要对表的数据进行操作，也就是对记录进行操作，它涉及记录的添加、删除、修改、复制等。

对表进行的操作，是通过数据表视图来完成的。

9.4.9.1 输入商品表的记录

(1)打开商品表。在左侧的导航窗格中双击商品表，打开数据表视图。

(2)参照图9-8所示的信息进行数据录入。输入完毕后关闭表，系统将自动保存记录。

商品编号	商品名称	类别编号	规格型号	供应商编号	单价	数量
0001	爱国者月光宝盒	001	PM5902plus	1103	¥259.00	15
0002	内存条	003	金士顿 DDR3 1600 8G	1006	¥399.00	26
0005	移动硬盘	003	希捷Backup Plus新睿品 1TB	1020	¥530.00	9
0006	无线网卡	004	DWA-182 1200M 11AC	1011	¥310.00	16
0007	惠普打印机	005	HP LaserJet Pro P1606dn	1205	¥1,850.00	5
0008	宏基笔记本电脑	002	V5-471P-33224G50Mass	1018	¥4,300.00	3
0010	Intel酷睿CPU	003	酷睿i7-3770	1006	¥1,999.00	10
0011	佳能数码相机	006	Power Shot G1 X	1001	¥4,188.00	6
0012	三星笔记本电脑	002	NP510R5E-S01CN	1028	¥4,890.00	7
0015	索尼数码摄像机	006	SONY HDR-CX510E	1001	¥4,680.00	4
0017	U盘	001	hp v220w 32G	1020	¥175.00	30
0021	联想笔记本电脑	002	Lenovo Y400M	1009	¥4,900.00	5
0022	闪存卡	006	SanDisk 32G-Class4	1015	¥130.00	8
0025	硬盘	003	WD5000AVDS	1021	¥359.00	15
0030	无线路由器	004	TL-WR740N	1011	¥85.00	18

图9-8　商品表中的数据内容

9.4.9.2　完善类别表的数据

这里，我们将补充完善类别表中的图片字段数据的方法。

该字段的数据类型为 OLE 对象，我们将为其添加 bmp 格式的图片。

(1)在数据表视图下打开类别表。

(2)在"说明"与"图片"字段的字段名分隔线处双击，可让"说明"字段以最合适的列宽显示。在每个字段右侧的分隔线处均双击，可获得每个字段最合适的列宽。

(3)在第一条记录的图片字段处双击鼠标，弹出提示。可见，该字段还没有插入任何对象。单击"确定"按钮，返回表中。

(4)用鼠标右键单击该字段，从弹出的快捷菜单中选择"插入对象"命令，弹出对话框。选择"由文件创建"选项，单击"浏览"按钮，弹出"浏览"对话框。指定图片文件的存放位置为"D:\数据库\类别图片"，选择图片文件，单击"打开"按钮，返回"插入对象"对话框，选中的文件显示在文件名框中，单击"确定"按钮。

(5)加入了图片后，图片字段会出现"位图图像"字样。

(6)将所需图片文件插入到对应记录的字段中。

(7)关闭表，系统将自动保存修改的记录。

9.5　实训二：Access 2010 中表和查询的创建

9.5.1　建立表关系

数据库是相关数据的集合。一般一个数据库由若干个表组成，每一个表反映数据库的某一方面的信息，要使这些表联系起来反映数据库的整体信息，则需要为这些表建立应有的关系。

建立表关系的前提是两个表必须拥有共同字段。

在商品管理系统中，商品表和供应商表间存在共同字段"供应商编号"，商品表和类别表的共同字段为"类别编号"。

（1）关闭所有打开的表。

（2）单击"数据库工具"→"关系"按钮，打开如图9-9所示的"关系"窗口。

图9-9 "关系"窗口

（3）建立类别表和商品表的关系。

① 在"关系"窗口中选取"类别"表中的"类别编号"字段，将其拖曳至"商品"表的"类别编号"字段上，将弹出如图9-10所示的"编辑关系"对话框。

② 单击"创建"按钮，可建立类别表和商品表间的关系，如图9-11所示。

图9-10 "编辑关系"对话框

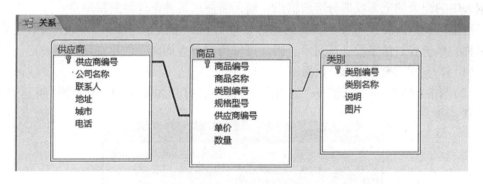

图9-11 "商品"表和"类别"表的关系

（4）设置参照完整性。

① 在"关系"窗口中双击"供应商"表和"商品"表间的连线，弹出如图9-12所示的"编辑关系"对话框。

② 勾选"实施参照完整性"复选框和"级联更新相关字段"复选框。

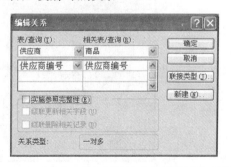

图9-12 "供应商"和"商品"表的编辑关系对话框

③ 单击"确定"按钮，关闭"编辑关系"对话框，此时，"关系"窗口中的表间关系如图 9－13 所示。

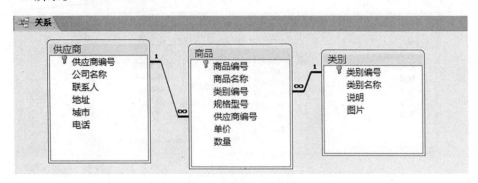

图 9－13 "供应商"、"商品"和"类别"表的关系示意图

④ 使用相同的方法设置商品表和类别表间的参照完整性。

（5）保存后，关闭"关系"窗口。

9.5.2 查询各类商品的名称、单价和数量信息

Access 提供了设计视图、简单查询向导、交叉表查询向导、查找重复项查询向导和查找不匹配项查询向导等多种创建查询的方法。

使用简单查询向导可以创建一个简单的选择查询，它能生成一些小的选择查询，将数据表中的记录的全部或部分字段输出，而无需使用某种条件得到结果集。

这里，我们需要查询各类商品的名称、单价和数量信息。即从"商品"表中提取商品名称、单价和数量字段进行显示，因此可采用简单查询向导创建查询。

（1）打开"商品管理系统"数据库。

（2）单击"创建"→"查询"→"查询向导"按钮，打开如图 9－14 所示的"新建查询"对话框。

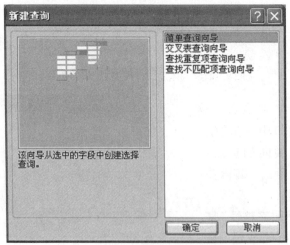

图 9－14 新建查询步骤（一）

（3）在对话框中选择"简单查询向导"选项，单击"确定"按钮，弹出"简单查询向导"对话框。

（4）在"表/查询"下拉列表中选择"表：商品"选项，"商品"表的所有字段将出现在"可用字段"列表中；再选择"可用字段"列表中的"商品名称"字段，单击" 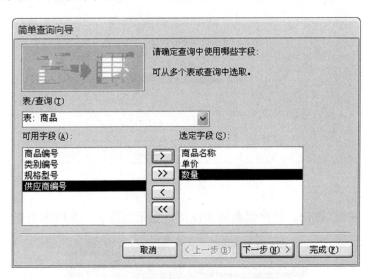 "按钮，将选定的字段添加到"选定字段"列表框中。使用相同的方法，将其他需要查询的字段添加到"选定字段"列表框中，如图9－15所示。

图9－15　新建查询步骤（二）

（5）单击"下一步"按钮，弹出如图9－16所示的对话框。选择是使用明细查询还是使用汇总查询，默认选择"明细（显示每个记录的每个字段）"选项，这里不进行修改。

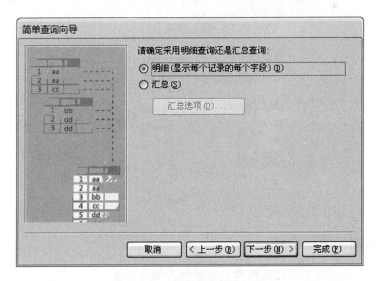

图9－16　新建查询步骤（三）

（6）单击"下一步"按钮，弹出如图9－17所示的指定查询标题对话框。将查询的标题修改为"商品的单价和数量"，且选中"打开查询查看信息"。

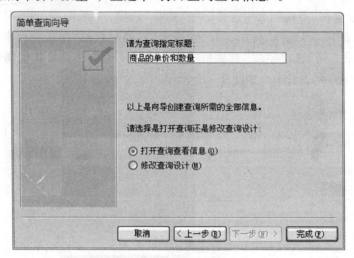

图9－17　新建查询步骤（四）

（7）单击"完成"按钮，切换到数据表视图，显示如图9－18所示的查询结果。

商品名称	单价	数量
爱国者月光宝	¥259.00	15
内存条	¥399.00	26
移动硬盘	¥530.00	9
无线网卡	¥310.00	16
惠普打印机	¥1,850.00	5
宏基笔记本电	¥4,300.00	3
Intel酷睿CPU	¥1,999.00	10
佳能数码相机	¥4,188.00	6
三星笔记本电	¥4,890.00	7
索尼数码摄像	¥4,680.00	4
U盘	¥175.00	30
联想笔记本电	¥4,900.00	5
闪存卡	¥130.00	8
硬盘	¥359.00	15
无线路由器	¥85.00	18
*	¥0.00	

图9－18　查询结果

9.5.3　查询商品详细信息

在商品表中，商品的供应商和类别信息均为编号形式。

实际查询时，为了能显示具体的供应商名称和类别名称，可以采用表间数据的共享方式。

（1）打开商品管理系统数据库。

（2）单击"创建"→"查询"→"查询设计"按钮，打开如图9－19所示的查询设计器，同时弹出"显示表"对话框。

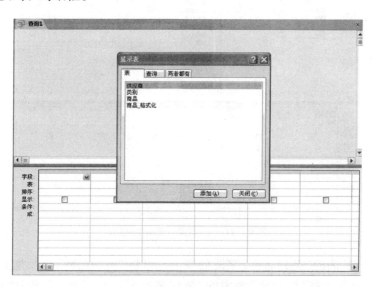

图9－19　查询设计器界面

（3）添加查询中需要的数据源。这里，将"供应商""类别"和"商品"表均添加到查询设计器中，并关闭"显示表"对话框，如图9－20所示。

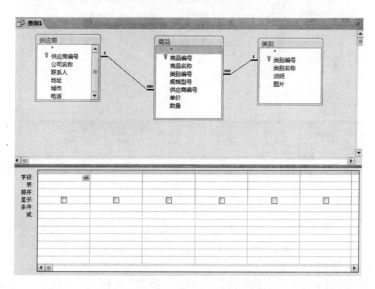

图9－20　查询设计器操作结果界面

（4）将查询设计器上半部分数据源"商品"表中的"商品名称"字段拖曳到设计区的第一个"字段"中，该字段的其余信息将自动显示，"显示"复选框也自动勾选，表示此字段的数据内容可以在查询结果集中显示出来，如图9－21所示。

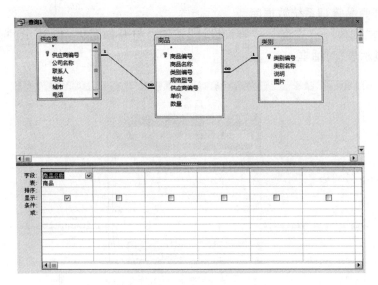

图 9-21 查询设计器中的操作

（5）在"类别"表的"类别名称"字段处双击，可将"类别名称"也添加到下方的设计区中。用同样的方法将"供应商"表中的"公司名称"字段，"商品"表中的"规格型号""单价"和"数量"字段添加到设计区中，指定查询输出的内容，如图 9-22 所示。

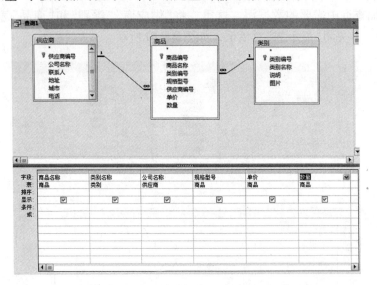

图 9-22 查询设计器对字段的操作结果

（6）单击快速访问工具栏上的"保存"按钮，弹出"另存为"对话框，在其中的"查询名称"文本框中输入查询名称"商品详细信息"，单击"确定"按钮，保存查询。

（7）单击"查询工具"→"设计"→"结果"→"运行"按钮，运行查询的结果如图9-23 所示。

商品名称	类别名称	公司名称	规格型号	单价	数量
爱国者月光宝	数码产品	义美数码	PM5902plus	¥259.00	15
内存条	装机配件	威尔达科技	金士顿 DDR3 1600 8G	¥399.00	26
无线网卡	网络产品	网众信息	DWA-182 1200M 11AC	¥310.00	16
移动硬盘	装机配件	天科电子	希捷Backup Plus新睿品 1TB	¥530.00	9
惠普打印机	办公设备	百达信息	HP LaserJet Pro P1606dn	¥1,850.00	5
宏基笔记本电	笔记本电脑	拓达科技	V5-471P-33224C50Mass	¥4,300.00	3
Intel酷睿CPU	装机配件	威尔达科技	酷睿i7-3770	¥1,999.00	10
佳能数码相机	照相摄像	天宇数码	Power Shot G1 X	¥4,188.00	6
三星笔记本电	笔记本电脑	涵合科技	NP510R5E-S01CN	¥4,890.00	7
索尼数码摄像	照相摄像	天宇数码	SONY HDR-CX510E	¥4,680.00	4
U盘	数码产品	天科电子	hp v220w 32G	¥175.00	30
联想笔记本电	笔记本电脑	力锦科技	Lenovo Y400M	¥4,900.00	5
闪存卡	照相摄像	顺成通讯	SanDisk 32G-Class4	¥130.00	8
硬盘	装机配件	宏仁电子	WD5000AVDS	¥359.00	15
无线路由器	网络产品	网众信息	TL-WR740N	¥85.00	18

图 9-23　查询结果显示

9.5.4　查询广州的供应商信息

表中的数据是以存储的要求存放的，如果需要查看其中一些满足某条件的记录，就要使用带条件的查询，将满足条件的记录筛选出来。

制作时，可以用查询向导或设计器创建一个简单查询，然后在设计视图中对其进行修改和细化，并加入查询条件，从而最终设计出符合要求的查询。

这里，我们需要从所有供应商的信息中查询"广州的供应商"记录。

（1）单击"创建"→"查询"→"查询设计"按钮，打开查询设计器。

（2）将供应商表作为查询数据源。

（3）将供应商表中的所有字段添加到下方的设计区中。

（4）在查询设计区中的"城市"字段下面的"条件"文本框中输入"广州"，如图9-24所示。

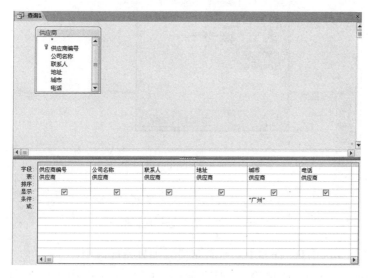

图 9-24　查询设计器对"城市"字段操作结果

（5）将查询另存为"广州的供货商信息"，运行查询的结果如图9-25所示。

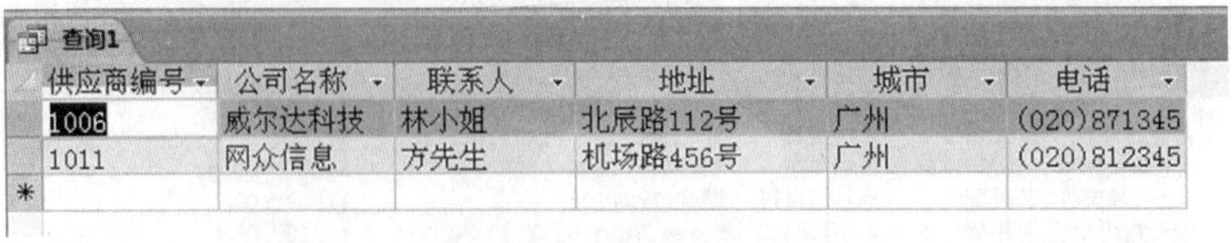

查询1					
供应商编号 ▾	公司名称 ▾	联系人 ▾	地址 ▾	城市 ▾	电话 ▾
1006	威尔达科技	林小姐	北辰路112号	广州	(020)871345
1011	网众信息	方先生	机场路456号	广州	(020)812345
*					

图9-25　查询结果界面

9.5.5　查询单价在100～300元的商品的详细信息

前面的查询，其数据来源均为数据表。其实，除了数据表外，也可利用已有的查询作为数据源。

这里，将利用前面的商品详细信息查询作为数据源来创建查询。

对于前面创建的查询，由于查询的条件字段为文本类型，且为准确查询，因此省略了运算符"＝"。

通常情况下，可通过键入条件表达式或使用表达式生成器来输入条件表达式。表达式是指算术或逻辑运算符、常数、函数和字段名称、控件及属性的任意组合，计算结果为单个值。表达式可执行计算、操作字符或测试数据。

（1）单击"创建"→"查询"→"查询设计"按钮，打开查询设计器。

（2）在如图9-26所示的"显示表"对话框中选择"查询"选项卡，添加"商品详细信息"查询作为查询数据源。

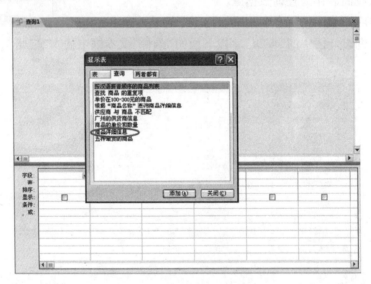

图9-26　查询选择对话框

（3）将"商品详细信息"查询中的所有字段添加到设计区中。

（4）在查询设计区中的"单价"字段下面的"条件"文本框中输入查询条件"＞＝100

And <= 300”，如图 9 - 27 所示。

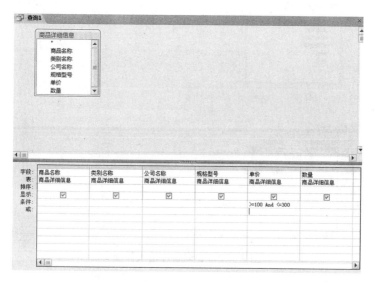

图 9 - 27　查询条件输入界面

（5）将查询另存为“单价在 100 ～ 300 元的商品”，运行查询的结果如图 9 - 28 所示。

查询1

商品名称	类别名称	公司名称	规格型号	单价	数量
爱国者月光宝盒	数码产品	义美数码	PM5902plus	¥259.00	15
U盘	数码产品	天科电子	hp v220w 32G	¥175.00	30
闪存卡	照相摄像	顺成通讯	SanDisk 32G-Class4	¥130.00	8

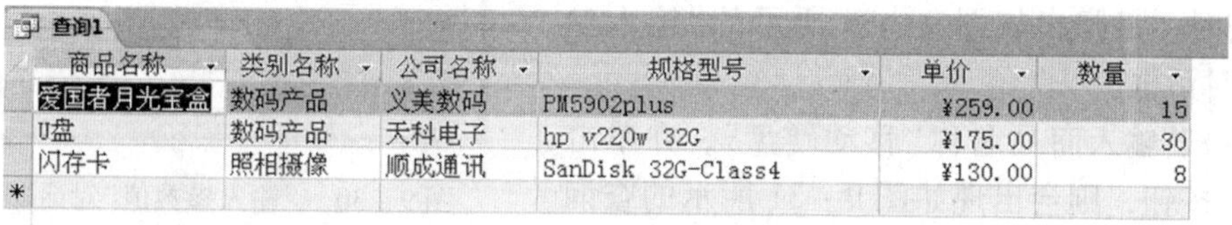

图 9 - 28　查询结果显示

9.5.6　根据商品名称查询商品详细信息

前面所创建的查询均是按照固定的条件从数据库中查询数据，而实际情况常常是依照不同的条件来查询数据，这就需要创建参数查询。

利用参数查询可以提高查询的通用性。

用户只要输入不同的信息，就可以利用同一个查询查出不同的结果，而不需要对查询进行重新设计。

这里，我们将根据用户提供的商品名称来动态查询商品的详细信息。

（1）单击“创建”→“查询”→“查询设计”按钮，打开查询设计器，将“商品详细信息”查询作为数据源加入查询设计器中。

（2）拖曳表中字段列表中的“ * ”到下方的设计区中，表示该表的所有字段均会显示出来。

（3）将“商品名称”字段加入设计区中，并取消勾选其“显示”复选框。

（4）在“商品名称”字段的下方输入条件“[请输入商品名称:]”，如图 9 - 29 所示。

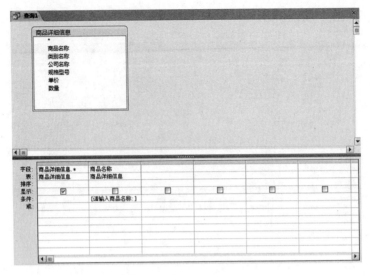

图 9 - 29　查询条件输入界面

（5）将查询保存为"根据'商品名称'查询商品详细信息"，并关闭查询设计器。

（6）在导航窗格中双击创建好的查询，运行查询时，将弹出如图 9 - 30 所示的"输入参数值"对话框。

（7）若输入商品名称"移动硬盘"，并单击"确定"按钮，则会出现如图 9 - 31 所示的查询结果。

图 9 - 30　"输入参数值"对话框

图 9 - 31　查询结果显示界面

9.6　实训三：Access 2010 中窗体的创建

9.6.1　制作商品信息管理窗体

商品信息管理窗体的主要功能是实现商品信息的浏览、添加记录、修改记录、保存记录和删除记录等操作。

这里，我们首先使用"窗体 "按钮快速创建商品信息浏览的窗体框架，然后借助 Access 提供的工具箱对窗体进行修改和美化。

（1）打开商贸管理系统数据库。

（2）在导航窗格中选择"表"对象列表中的"商品"表作为窗体的数据源。

（3）单击"创建"→"窗体"→"窗体 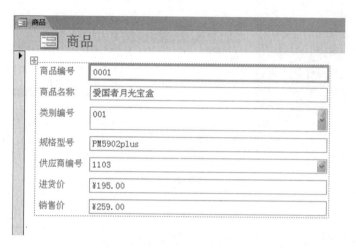"按钮，可快速创建如图9-32所示的窗体。

图9-32　窗体创建界面

（4）以"商品信息管理"为名保存窗体。

（5）切换到窗体的设计视图以修改窗体。

（6）修改窗体标题。

① 将窗体页眉中默认的窗体标题"商品"修改为"商品信息管理"。

② 设置窗体标题的文本为"华文行楷""24磅"，控件大小为"正好容纳"。

③ 删除创建时自带的窗体图标"图标"，将窗体标题控件移至窗体的正上方。

（7）添加"记录浏览"按钮。

① 单击"窗体设计工具"→"设计"→"控件"→"其他"按钮，从"控件"列表中选择"使用控件向导"选项。

② 单击"控件"组中的"命令按钮"控件" xxxx "。

③ 在窗体页脚中按住鼠标左键，并在要放置按钮的位置拖曳出适当的区域，释放鼠标左键时弹出如图9-33所示的"命令按钮向导"对话框（一）。

④ 设置按下按钮时产生的动作的类别为"记录导航"，再选择"转至第一项记录"操作。

⑤ 单击"下一步"按钮，弹出"命令按钮向导"对话框（二），如图9-34所示。确定按钮上显示文本还是显示图片。这里选择"文本"，文本内容为"第一项记录"。

⑥ 单击"下一步"按钮，弹出"命令按钮向导"对话框（三），如图9-35所示，然后指定按钮名称。这里采用默认的按钮名称。

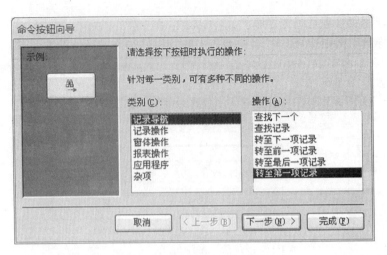

图9-33 "命令按钮向导"对话框(一)

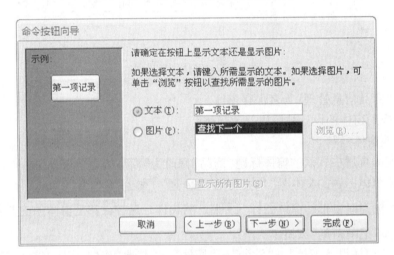

图9-34 "命令按钮向导"对话框(二)

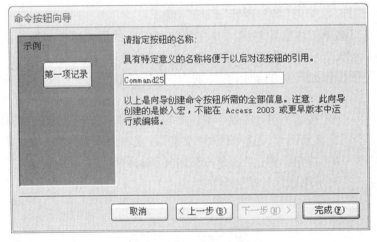

图9-35 "命令按钮向导"对话框(三)

⑦ 单击"完成"按钮，完成"第一项记录"按钮的添加，如图 9–36 所示。

⑧ 用同样的方法在窗体中添加"前一项记录""下一项记录"和"最后一项记录"按钮。

图 9–36　按钮添加结果界面

⑨ 设置控件大小为"正好容纳"，将窗体页脚中的命令按钮对齐，完成后的窗体如图 9–37 所示。

图 9–37　窗体结果界面

(8) 添加数据维护按钮。

① 选中主体节中所有的文本框控件，适当减小文本框控件的宽度，在右侧留出一些空间放置数据维护按钮。

② 使用命令按钮向导在窗体的主体节右侧添加一组记录操作按钮，分别为"添加记录""保存记录"和"删除记录"按钮，从而实现添加新记录、保存记录和删除记录的数据

维护操作。

③ 将添加的这组控件的大小调整为"正好容纳"，垂直间距相同，左对齐，效果如图 9 – 38 所示。

图 9 – 38　添加数据维护按钮效果

（9）添加矩形框。

① 单击"控件"组中的"矩形"控件，分别在记录浏览按钮组和数据维护按钮组的外部添加矩形框。

② 选中数据维护按钮组外的矩形，然后单击"窗体设计工具"→"格式"→"控件格式"→"形状轮廓"按钮，从"形状轮廓"下拉列表中选择"线条类型"中的"点划线"，并从"线条宽度"中选择"2pt"。

（10）设置窗体属性。

① 单击"窗体设计工具"→"设计"→"工具"→"属性表"按钮，打开"属性表"对话框。

② 从属性表的对象列表中选择"窗体"。

③ 选择"格式"选项卡，如图 9 – 39 所示，设置窗体的标题为"商品信息管理"，将"允许窗体视图"设置为"是"，将"滚动条"设置为"两者均无"，将"记录选择器"、"导航按钮"、"分隔线"均设置为"否"，并且将"最大最小化按钮"设置为"无"，将"边框样式"设置为"对话框边框"。

④ 关闭属性表对话框。

⑤ 用鼠标右键单击窗体页脚，从快捷菜单中选择"填充/背景色"选项，从颜色列表中选择浅灰色作为窗体页脚的背景色。

图 9 – 39　窗体属性对话框

(11)保存窗体，打开窗体视图，效果如图9-40所示。

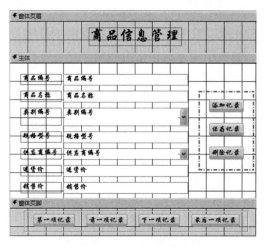

图9-40　窗体效果显示图

9.6.2　制作供应商信息管理窗体

供应商信息管理窗体的主要功能与商品信息管理窗体的功能相似，主要实现供应商信息的浏览、添加记录、修改记录、保存记录和删除记录等操作。

(1)参照商品信息管理窗体的创建方法，以供应商表为数据源制作供应商信息管理窗体。

(2)在窗体的主体节中添加用于数据维护的"添加记录""保存记录"和"删除记录"按钮，并且在窗体页脚中添加"记录浏览"按钮。

(3)适当修改和设置窗体格式，创建如图9-41所示的供应商信息管理窗体。

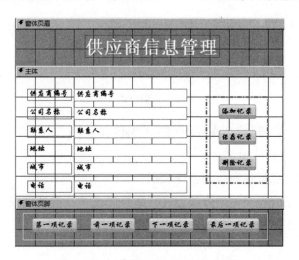

图9-41　创建供应商信息管理窗体

(4)以供应商信息管理为名保存窗体。

9.6.3　制作类别信息管理窗体

　　类别信息管理窗体的主要功能与供应商信息管理窗体的功能相似，主要是实现类别信息的浏览、添加记录、修改记录、保存记录和删除记录等基本操作。同时，在浏览类别信息时，能通过子窗体查看该类别的商品基本信息。

　　（1）打开商贸管理系统数据库。

　　（2）在导航窗格中选择"表"对象列表中的"类别"表作为窗体的数据源。

　　（3）单击"创建"→"窗体"→"窗体　"按钮，可快速创建如图9-42所示的窗体。类别表作为窗体的数据源。

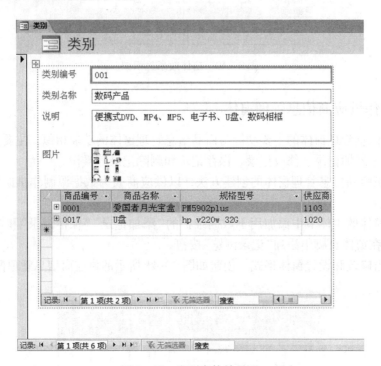

图9-42　类别窗体效果图

　　（4）以"类别信息管理"为名保存所创建的窗体。

　　（5）修改类别信息管理窗体。

　　① 切换到类别信息管理窗体的设计视图。

　　② 按照客户信息管理窗体的修改方法，适当修改和设置类别信息管理窗体的格式。修改后的窗体效果如图9-43所示。

　　（6）保存窗体。

图 9 – 43   客户信息管理窗体效果

9.6.4   制作系统主界面

至此，我们已经完成了商贸管理系统数据库中的表、查询、窗体和报表等所有对象的设计，接下来需要制作一个系统主界面，将数据库对象有机地结合在一起，形成最终的数据库应用系统。

为此，可利用 Access 提供的切换面板管理器工具，方便地将各项已经完成的功能集成一个完整的应用系统。

系统控制面板包括的项目如表 9 – 6 所示。

表 9 – 6   系统控制面板项目

系统	主控面板	子控面板
商贸管理系统	基本信息管理	商品信息管理
		供应商信息管理
		类别信息管理
		返回主界面
	数据查询	数据查询
		返回主界面
	退出系统	退出应用程序

1. 添加切换面板工具。

（1）单击"文件"→"选项"命令，打开"Access 选项"对话框，在左侧的窗格中选择

"自定义功能区"选项，如图9-44所示，在右侧的窗格中显示自定义功能区的相关内容。

图9-44 "Access 选项"对话框

（2）在右侧窗格中，单击"新建选项卡"按钮，在"主选项卡"列表中，添加"新建选项卡"，如图9-45所示。

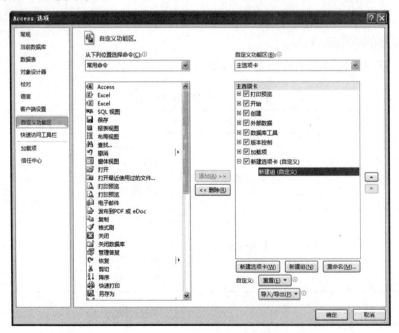

图9-45 新建选项卡对话框

（3）选中"新建选项卡"，单击"重命名"按钮，在打开的"重命名"对话框中，将"新建选项卡"的名称修改为"切换面板"，如图 9-46 所示，单击"确定"按钮。

图 9-46 "重命名"对话框（一）

（4）选中"新建组"，单击"重命名"按钮，在打开的"重命名"对话框中，将"新建组"的名称修改为"工具"，再选择一个合适的图标，如图 9-47 所示，单击"确定"按钮。

（5）单击"从下拉列表中选择命令"组合框的下拉箭头，选择"所有命令"，在列表中选中"切换面板管理器"，然后单击"添加"按钮，将"切换面板管理器"命令添加到"切换面板"选项卡的"工具"组，如图 9-48 所示。

图 9-47 "重命名"对话框（二）

图 9-48 添加选项卡示意图

信息技术应用实训教程

（6）单击"确定"按钮，关闭"Access 选项"对话框，此时，可在功能区中显示"切换面板"选项卡，单击该选项卡，在"工具"组中，显示了"切换面板管理器"命令，如图 9－49 所示。

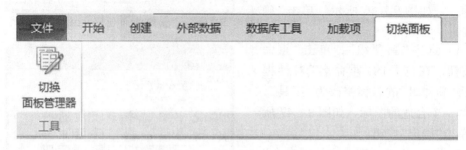

图 9－49　添加选项卡效果图

2. 创建切换面板页

（1）单击"切换面板"→"工具"→"切换面板管理器"按钮，出现如图 9－50 所示的提示对话框。

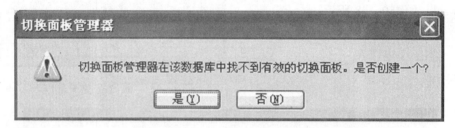

图 9－50　"切换面板管理器"对话框一

（2）单击"是"按钮，弹出如图 9－51 所示的"切换面板管理器"对话框。

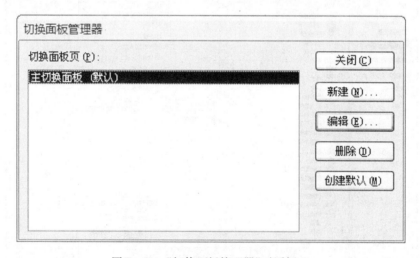

图 9－51　"切换面板管理器"对话框二

（3）单击"新建"按钮，弹出如图 9 - 52 所示的"新建"对话框，在"切换面板页名"文本框中输入"商贸管理系统"。

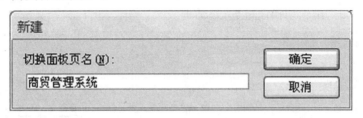

图 9 - 52 "新建"对话框

（4）单击"确定"按钮，"切换面板管理器"对话框中出现"商贸管理系统"面板页，如图 9 - 53 所示。

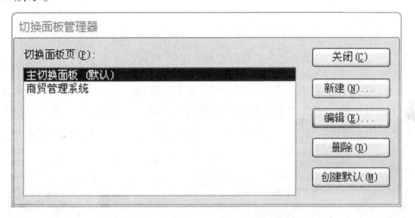

图 9 - 53 "商贸管理系统"面板

（5）用同样的方式在"切换面板管理器"对话框的列表中添加"基本信息管理""数据查询"等切换面板页。

（6）在"切换面板管理器"对话框中选取"商贸管理系统"，单击"创建默认"按钮，将"商贸管理系统"设置为默认的切换面板页。再选择"主切换面板"，单击"删除"按钮，将其从列表中删除。如图 9 - 54 所示。

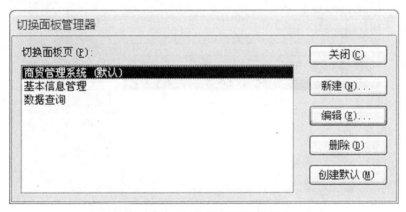

图 9 - 54 切换面板设置效果图

3. 编辑商贸管理系统切换面板页

（1）在"切换面板管理器"对话框中选取"商贸管理系统"，单击"编辑"按钮，弹出如图9－55所示的"编辑切换面板页"对话框。

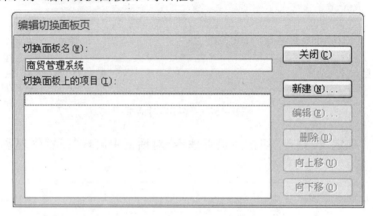

图9－55　"编辑切换面板页"对话框（一）

（2）单击"编辑切换面板页"对话框中的"新建"按钮，弹出如图9－56所示的"编辑切换面板项目"对话框。在"文本"文本框中输入"基本信息管理"，在"命令"下拉列表中选择"转至'切换面板'"，在"切换面板"下拉列表中选择"基本信息管理"。

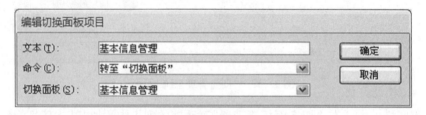

图9－56　"编辑切换面板项目"对话框（一）

（3）单击"确定"按钮，完成"商贸管理系统"切换面板页中"基本信息管理"切换面板项目的创建，如图9－57所示。

图9－57　"基本信息管理"切换面板创建对话框

（4）使用同样的方法在"商贸管理系统"切换面板页中添加"数据查询"和"报表打印"项目。

（5）添加"退出系统"切换面板项目。在"编辑切换面板页"对话框中单击"新建"按钮，弹出"编辑切换面板项目"对话框。在"文本"文本框中输入"退出系统"，在"命令"下拉列表中选择"退出应用程序"，如图9-58所示。

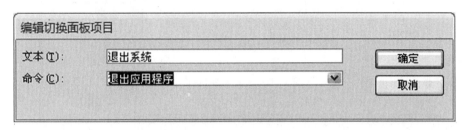

图9-58　退出系统编辑对话框

单击"确定"按钮，编辑完成后的"编辑切换面板页"对话框如图9-59所示。

图9-59　"编辑切换面板页"对话框（二）

（6）单击"关闭"按钮，返回"切换面板管理器"对话框。

4. 为每个切换面板页创建切换项目

（1）为基本信息管理创建切换项目。

①在"切换面板管理器"对话框中选择"基本信息管理"切换面板页，单击"编辑"按钮，弹出如图9-60所示的"编辑切换面板页"对话框。

②在"编辑切换面板页"对话框中单击"新建"按钮，弹出"编辑切换面板项目"对话框。在"文本"文本框中输入"商品信息管理"，在"命令"下拉列表中选择"在'编辑'模式下打开窗体"，在"窗体"下拉列表中选择"商品信息管理"，如图9-61所示。

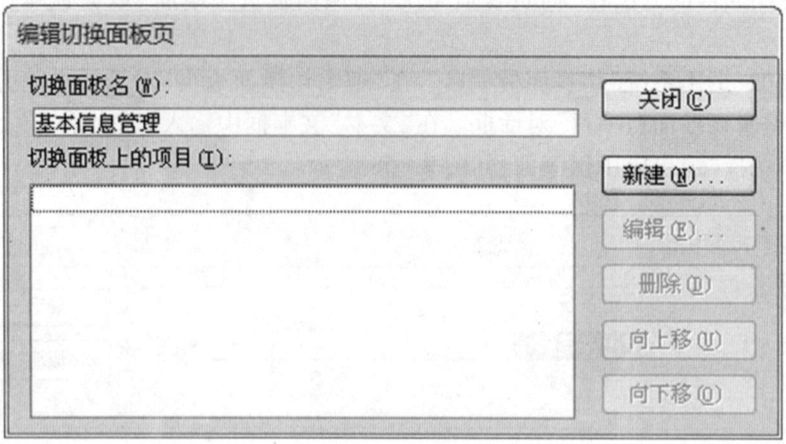

图 9 - 60　"编辑切换面板页"对话框(三)

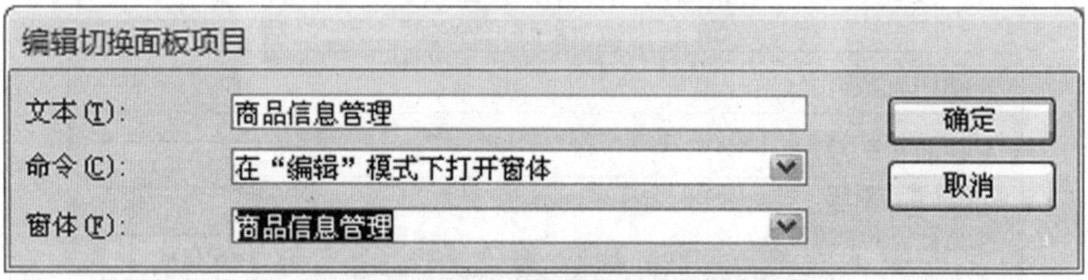

图 9 - 61　"编辑切换面板项目"对话框(二)

③单击"确定"按钮，完成"商品信息管理"切换面板项目的创建，返回"编辑切换面板页"对话框。

④使用同样的方法在"基本信息管理"切换面板页中创建"客户信息管理""供应商信息管理""订单信息管理""类别信息管理""库存信息管理"和"进货信息管理"切换面板项目。

⑤创建一个名为"返回主界面"的切换面板项目。在"编辑切换面板页"对话框中单击"新建"按钮，弹出"编辑切换面板项目"对话框。在"文本"框中输入"返回主界面"，在"命令"下拉列表中选择"转至'切换面板'"，在"切换面板"下拉列表中选择"商贸管理系统"，如图 9 - 62 所示。

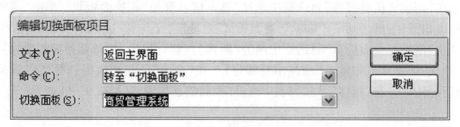

图 9 - 62　"编辑切换面板项目"对话框(三)

⑥单击"确定"按钮,返回"编辑切换面板页"对话框,此时的编辑切换面板页如图9-63所示。

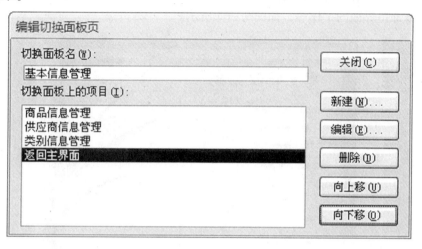

图9-63 "编辑切换面板页"对话框(四)

⑦单击"关闭"按钮,返回"切换面板管理器"对话框。

(2)为"数据查询"创建切换项目。

①参照编辑"基本信息管理"中的切换项目的方法,编辑"数据查询"中的切换项目。

②创建一个名为"返回主界面"的切换面板项目,切换面板为"商贸管理系统",如图9-64所示。

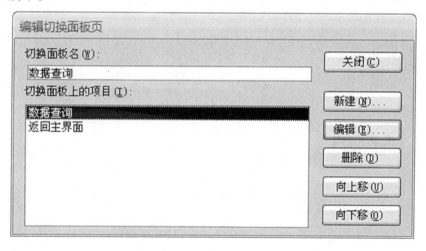

图9-64 "返回主界面"的切换面板项目

③单击"关闭"按钮,返回"切换面板管理器"对话框。

切换面板创建完成后,系统同时自动生成一个"Switchboard Items"表和"切换面板"的新窗体。

5. 修饰切换面板

切换面板建成后，可根据需要切换到设计视图下对其进行适当的美化和修饰，如添加图片、修饰主界面的字体等，如图 9 - 65 所示。

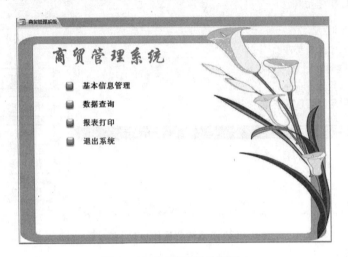

图 9 - 65　切换面板效果图

为了调用方便，我们将切换面板管理器窗体更名为"系统主界面"。

第五篇　多媒体技术

10 多媒体技术及应用

从 20 世纪 80 年代开始，人们致力于将声音、图形和图像作为新的信息媒体输入输出计算机研究，这使得计算机的应用更为直观、容易。随着电子技术和大规模集成电路技术的发展，计算机、广播电视和通信这三大原来各自独立的领域相互渗透融合，形成了一门崭新的技术，即多媒体技术。

10.1 多媒体的定义

关于多媒体的概念，国内外产生了不同的定义，以下是有代表性的几种解释：

（1）多媒体是计算机交互式综合处理多种媒体信息。例如，将文本、图像、图形和声音多种信息建立逻辑连接，集成为一个系统并且具有交互性。

（2）多媒体是两种或两种以上的媒体组成的结合体，如文本、图像、图形、动画、静态视频、动态视频、声音等的结合。这就意味着电视节目、动画片、个人视频电话表现都可以被看作是多媒体。

（3）多媒体是传统的计算媒体。文字、图形、图像以及逻辑分析方法等与视频、音频以及为了知识创建和表达的交互式应用的结合体。

（4）多媒体技术就是能对多种媒体（媒介）上的信息和多种存储体（媒质）上的信息进行处理的技术。

（5）多媒体是声音、动画、文字、图形和图像等各种媒体的组合。多媒体系统是指用计算机和数字通信网络技术来处理和控制多媒体信息的系统。

10.2 多媒体技术的特性

多媒体技术是一门基于计算机技术的综合技术，它包括数字信号处理、音频和视频技术、计算机硬件和软件技术、人工智能和模式识别技术、通信和图像处理技术等。多媒体技术是正处在发展过程中的一门跨学科的综合性高新技术。它具有如下特性：

（1）多样性。是指文本、声音、图像、图形、动画和视频等信息媒体的多种形式。多样化信息媒体的调动，使得计算机具有拟人化的特征，使其更容易操作和控制，更具有亲和力。

（2）集成性。一方面是指媒体信息即文本、声音、图像、图形、动画和视频等的集成，各种媒体信息有机地组织在一起，形成完整的多媒体信息。另一方面是指存储、处理媒体信息的设备的集成，各种媒体设备合为一体，主要为多媒体信息提供快速的CPU、大容量内存、一体化的多媒体操作系统、多媒体创作工具等硬件和软件资源。

（3）交互性。是指人与计算机之间能"对话"，以便进行人工干预控制。多媒体处理过程中的交互性使用户可以更加有效地控制和使用信息，同时交互性还可以增加用户对信息的注意和理解，延长信息的保留时间。

（4）实时性。由于在多种信息媒体中，声音、视频等媒体和时间密切相关，这就决定了多媒体技术必须支持实时处理，意味着多媒体系统在处理信息时有严格的时序要求和速度要求。

10.3　多媒体元素的类型

多媒体元素是指多媒体应用中可显示给用户的媒体组成，目前主要包括文本、图像、图形、声音、动画和视频图像等。

（1）文本。是指各种文字，包括各种字体、尺寸、格式以及色彩的文本。文本具有准确性和概括性的特点，给人充分的想象空间，常用于知识的描述性表示。文本可用文本编辑软件、多媒体编辑软件、扫描仪的文字识别软件进行编辑。常见的文本文件格式有 TXT、RTF、DOC、WPS 等。

（2）图像。是指从点、线、面到三维空间的黑白或彩色几何图；图像是由像素点阵组成的画面。图像具有直观、形象的特点，可以将复杂和抽象的信息非常直观形象地表达出来，有助于分析理解内容、解释观念或现象；为应用系统实现美观的界面提供强有力的手段，并可以提高想象力。常见的图像文件格式有 BMP、GIF、FPEG、TIF 等。

（3）动画。是利用了人眼的视觉暂留特性，快速播放一连串静态图像，在人的视觉上产生平滑流畅的动态效果。二维计算机动画按生成的方法可以分为逐帧动画、关键帧动画和造型动画等几大类。图像具有形象化、生动性的特点，常用于强调主题，添加趣味，通过模拟，使有关理论和现象直观化，形象化。需用专门的动画制作软件进行编辑。常见的动画文件格式有 MOV、GIF、SWF 等。

（4）音频。音频包括音乐语音和各种音响效果。音频具有瞬态性、顺序性的特点。语言可强化刺激、吸引听众的注意，音乐可深化主题，烘托渲染气氛，具有画龙点睛的效果。对音频进行编辑必须用专门的声音处理软件。常见的音频动画文件格式有 WAV、MIDI、MP3、WMA、RA 等。

（5）视频影像。视频影像是图像数据的一种，若干有联系的图像数据连续播放便形成了视频。视频具有时序性、复杂性的特点，常用于交代事物发生的过程。对视频进行编辑前必须经过数字摄像、电视摄像、视频捕捉等。常见的视频文件格式有 AVI、MOV、MPG、RM、WMV、DAT 等。

10.4　多媒体处理的关键技术

多媒体应用涉及许多相关的技术，主要包括多媒体数据压缩/解压缩技术、多媒体数据存储技术、多媒体专用芯片技术、多媒体数据库技术、超文本和超媒体技术以及虚拟现实技术等等。

1. 多媒体数据压缩/解压缩技术

多媒体数据压缩技术是多媒体技术中的核心技术。随着多媒体技术在计算机以及网络中的广泛应用，多媒体信息中的图像、视频、音频信号都必须进行数字化处理，才能应用到计算机和网络上。但是这些多媒体信息数字化后的数据量非常庞大，给多媒体信息的存储、传输、处理带来了极大的压力。因此，必须对数据进行压缩编码。

数据的压缩实际上是一个编码过程，即把原始的数据进行编码压缩。数据的解压缩是数据压缩的逆过程，即把压缩的编码还原为原始数据。因此数据压缩方法也称为编码方法。数据压缩技术日臻成熟，适应各种应用场合的编码方法不断产生。针对多媒体数据冗余类型的不同，相应地有不同的压缩方法与技术。

2. 多媒体数据存储技术

数字化的音频、视频、图像等多媒体信息虽然经过压缩处理，仍需占用相当大的存储空间。如何实现多媒体大容量信息的存储是多媒体技术的关键。目前海量存储设备主要以磁盘为主，多媒体计算机系统的常用存储设备主要有光盘、硬盘、存储卡等。

3. 多媒体专用芯片技术

专用芯片是多媒体计算机硬件的关键器件。为了实现音频、视频信号的快速压缩、解压缩和播放处理，需要大量的快速计算，而且图像的绘制、生成、合并、特殊效果等处理也需要大量的计算。因此需要有高速的 CPU、大容量的内存以及多媒体专用的数据采集和还原电路等，这些都有赖于专用芯片技术的发展和支持。多媒体计算机专用芯片可归纳为两种类型：一种是固定功能的芯片；另一种是可编程的数字信号处理器（DSP）芯片。专用芯片可用于多媒体信息的综合处理，如图像的特效、图形的生成和绘制、提高音频信号处理速度等。

4. 多媒体输入输出技术

多媒体输入输出技术包括媒体变换技术、媒体识别技术、媒体理解技术和媒体综合技术。目前，媒体变换技术和媒体识别技术已经得到广泛的应用，而媒体理解技术和媒体综合技术只在某些特定的场合有所应用。

5. 多媒体数据库技术

多媒体计算机系统需要从多媒体数据模型、媒体数据压缩/解压缩模式、多媒体数据管理和存取方法以及用户界面 4 个方面来研究数据库。多媒体数据库管理系统的主要目标是实现媒体的混合、媒体的扩充和媒体的变换，并且对多媒体数据进行有效的组织、管理和存取。随着多媒体计算机技术、面向对象数据库技术和人工智能技术的发展，多媒体数据库管理系统将会对多媒体数据进行越来越有效的管理。

6. 多媒体技术与网络通信技术

多媒体技术与网络技术、通信技术紧密相连，相辅相成。多媒体技术要求网络、通信技术能够保证传输速度和传输质量。此外，相关数据类型的同步、可变视频数据流的处理、信道分配以及网络传输过程中的高性能、可靠性等也是多媒体技术对网络、通信技术提出的要求。

7. 虚拟现实技术

虚拟现实技术是一种可以创建和体验虚拟世界的计算机仿真系统。它利用计算机生成一种模拟环境，是一种多源信息融合的交互式三维动态视景和实体行为的系统仿真，可使用户沉浸到该环境中。虚拟现实技术是仿真技术的一个重要方向，是仿真技术与计算机图形学、人机接口技术、多媒体技术、传感技术、网络技术等多种技术的集合，是一门富有挑战性的交叉技术、前沿学科和研究领域。

10.5　多媒体计算机系统

多媒体计算机系统是指能把视、听和计算机交互式控制结合起来，对音频信号、视频信号的获取、生成、存储、处理、回收和传输综合数字化所组成的一个完整的计算机系统。

一个多媒体计算机系统一般由四个部分构成：多媒体硬件平台（包括计算机硬件、声像等多种媒体的输入输出设备和装置）；多媒体操作系统（MPCOS）；图形用户接口（GUI）；支持多媒体数据开发的应用工具软件。

10.5.1　多媒体计算机的硬件系统

从处理的流程来看，一个功能齐全的多媒体计算机系统包括输入设备、计算机主机、输出设备、存储设备几个部分。除了普通 PC 部件之外，多媒体计算机最基本的硬件是音频卡（audio card，简称声卡）、CD – ROM 和视频卡（video card）

10.5.2　多媒体计算机的软件系统

多媒体计算机软件系统按功能可分为系统软件和应用软件。

1. 系统软件

系统软件是多媒体计算机系统的核心，它不仅具有综合使用各种媒体、灵活调度多媒体数据进行媒体的传输和处理的能力，而且要控制各种媒体硬件设备协调地工作。

多媒体系统软件主要包括：①多媒体操作系统；②多媒体素材制作软件及多媒体函数库；③多媒体创作工具与开发环境；④多媒体外部设备驱动程序和接口程序 。

2. 应用软件

多媒体计算机应用软件又称多媒体计算机应用系统。它是由各种应用领域的专家或开发人员利用多媒体开发工具软件或计算机语言，组织编排大量的多媒体数据而成的最终多媒体产品，是直接面向用户的。多媒体应用系统所涉及的应用领域主要有文化教育、信息系统、电子出版、音像影视特技、动画等。

10.6 实训一：使用 Photoshop 进行数字图像处理

多媒体创作的前期工作就是要进行各种媒体素材的采集、设计、制作、加工、处理，完成素材的准备。在这些工作中，对于图像的处理，一般选择 Adobe Photoshop 这个工具。

10.6.1 Adobe Photoshop 简介

Adobe Photoshop 是由 Adobe 公司开发和发行的图像处理软件。公司英文全称是 Adobe Systems Incorporated，始创于 1982 年，是广告、印刷、出版和 Web 领域首屈一指的图形设计、出版和成像软件设计公司，同时也是世界上第二大桌面软件公司。Adobe Photoshop 是适合图形设计人员、专业出版人员、文档处理机构和 Web 设计人员，以及商业用户和消费者使用的软件。

10.6.2 Adobe Photoshop 应用范围

(1)手绘：利用画笔工具、钢笔工具结合手绘板(数位板)绘制图像可以轻松地在电脑中完成绘画功能，加上软件中的特效会制作出类似实物的绘制效果。

(2)平面设计：在平面设计领域里 Photoshop 是不可缺少的一个设计软件，其应用非常广泛，特别适用于包装、广告、海报等的设计制作。

(3)网页设计：在网页设计领域里 Photoshop 也是不可缺少的一个设计软件，一个好的网页创意离不开图片，只要涉及图像，就会用到图像处理软件，Photoshop 理所当然地成为网页设计中的一员。使用 Photoshop 不仅可以将图像进行精确的加工，还可以将图像制作成网页动画上传到网页中。

(4)海报：海报宣传在当今社会中随处可见，包括影视、产品广告、POP 等，这些都离不开 Photoshop 软件的参与。设计师可以使用 Photoshop 软件随心所欲地进行设计创作。

(5)后期处理：后期处理主要应用于效果图制作的最后加工，使效果图看起来更加生动，更加符合效果图本身的意境。通过 Photoshop 可以为效果图添加背景，或加入人物等。

(6)相片处理：Photoshop 作为专业的图像处理软件，能够完成从输入到输出的一系列工作，包括校色、合成、照片处理、图像修复等，其中使用软件自带的修复工具加上一些简单的操作就可以将照片中的污点清除，通过色彩调整或相应的工具可以改变图像中某个颜色的色调。

10.6.3 Photoshop 的功能

(1)绘图功能：一是有多种绘图工具，如喷枪、笔刷、铅笔、直线等等，可以自由地设定形状、大小、压力，甚至有笔刷效果；二是利用渐变工具产生多种渐变效果；三是强劲的修补功能。

(2)选取功能：将需要修改的物体从复杂的背景中选取出来，进行修改。

(3)色彩调整功能：可以调整绘画中的色彩。

(4)编辑功能：可以对图像进行任意的旋转、拉伸、倾斜、扭曲或制造透视效果，或者把不同的图片组合在一起创造非凡的效果。

(5)滤镜功能：滤镜像一面神奇的镜子，把它加在图像上，会产生各种奇妙的效果，比如说运动模糊、浮雕、玻璃等等。

(6)图层、通道、蒙板功能。

- 图层：相当于一张透明纸，可以在上面任意绘制内容，不会影响其他层的内容，但是有内容的部分会挡住后一层的内容。

- 通道：比选取工具更要厉害，选取工具做不到的通道可以做到，而且更自由、更灵活地选取任意区域。

- 蒙板：简单地说就是把不想修改的部分遮挡住。

10.6.4 Photoshop 的基本操作

练习1 创建一个名为"练习1"，宽为 1024 个像素，高为 768 像素，背景透明的图像文件。

操作思路：

(1)选择"文件"→"新建"命令打开如图 10 - 1 所示的"新建"对话框。

(2)在"名称"文本框中输入文件名。将宽度和高度单位改为"像素"，同时分别在"宽度"和"高度"文本框中输入文件宽度和高度值。

(3)在"背景内容"下拉列表中选择"透明"选项

(4)完成设置后单击"确定"按钮创建文件。

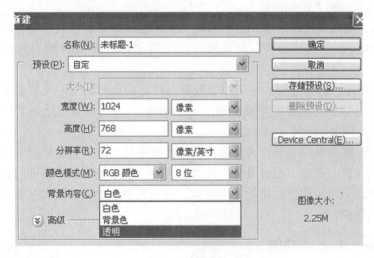

图 10 - 1 "新建"对话框

练习2 更改图像文件的大小：素材图片尺寸较大，应用所学知识将图片大小更改为 800×500 像素。

操作思路：

（1）启动 Photoshop CS5 打开素材图片"更改大小"。

（2）选择"图像"→"图像大小"命令打开"图像大小"对话框。在对话框中取消"约束比例"复选框的勾选。

（3）将"像素大小"栏中更改宽度和高度单位为像素，在"宽度"和"高度"文本框中输入数值。

（4）单击"确定"按钮关闭对话框完成图片大小的修改。

练习3 对"颜色"面板组进行拆分，并将拆分后的 3 个面板分别组合到"导航器"、"历史记录"和"图层"等 3 个面板组中，然后对所做的界面设置进行保存。

操作思路：

（1）启动 Photoshop CS5，将"颜色"面板组中的"色板"面板和"样式"面板拖动到工作界面的空白处，以完成面板组的拆分。

（2）将"颜色"面板合并到"导航器"面板组中。

（3）将"样式"面板合并到"历史记录"面板组中。

（4）将"色板"面板合并到"图层"面板组中。

（5）保存所做的自定义操作。

10.6.5　Photoshop 通道混合器的使用

练习4　利用 Photoshop 的通道混合器完成图片的处理，将浓浓的春意变为金色的秋天。

操作思路：

（1）启动 Photoshop CS5，打开素材图片"春天"；

（2）在图层面板上点击第四个图标，选择"通道混合器"，如图 10-2 所示。

图 10-2　通道混合器的选择

（3）在"通道混合器"对话框做如图
10-3所示的设置；

输出通道：红；红色：-50，绿色：
200，蓝色：-50。

（4）保存所做的自定义操作，秋天的
景色就出现了。

10.6.6　Photoshop中的滤镜效果

练习5　利用Photoshop的滤镜制作艺
术像素风格图片特效。

操作思路：

（1）启动Photoshop CS5，打开练习4
得到的图片"秋天"；

（2）如图10-4所示，点击图层面板
右上角的图标，在弹出的选项面板选择
"向下合并"完成图层的合并，以便进行后
面的艺术像素风格特效的处理。

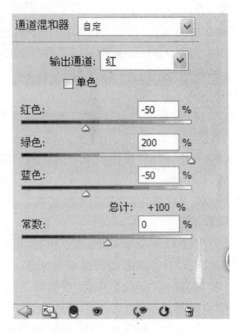

图10-3　通道混合器的设置

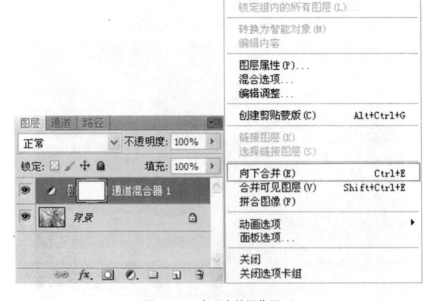

图10-4　向下合并操作界面

（3）右击背景图层，选择"复制图层"，或者使用快捷键"Ctrl + J"复制这个图层。并且改变图层为"叠加"，效果预览如图 10 – 5 所示。

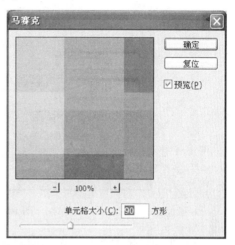

图 10 – 5　复制图层效果预览　　　　　　　图 10 – 6　马赛克效果设置

（4）执行"滤镜"→"像素化"→"马赛克"，参数设置为 90，如图 10 – 6 所示。

（5）执行"滤镜"→"锐化"→"锐化"，或者使用快捷键"Ctrl + F"连续执行三次，加上文字点缀一下即可。最后效果如图 10 – 7 所示。

图 10 – 7　最后效果图

（6）保存所做的自定义操作。

10.6.7　Photoshop 中图层蒙板的使用

练习 6　笑脸图片制作。

操作思路：

（1）选择"文件"→"新建"命令打开"新建"对话框，设置如图 10 – 8 所示参数。

图 10 - 8　参数设置

（2）右击矩形选框工具，选择椭圆选框工具，如图 10 - 9 所示，绘制正圆（用椭圆选框工具，并同时按 Shift 键即可绘制正圆）

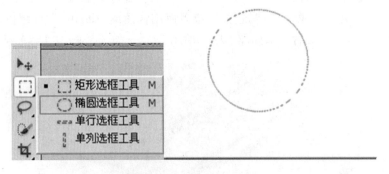

图 10 - 9　椭圆选框工具

（3）选择"编辑"→"填充"命令打开"填充"对话框，设置前景色，填充，如图 10 - 10 所示。（填充前景色快捷键：Alt + Delete；填充背景色快捷键：Ctrl + Delete）。

（4）选择"编辑"→"描边"命令打开"描边"对话框，如图 10 - 11 所示，进行描边设置。

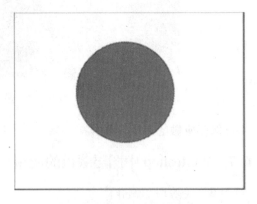

图 10 - 10　填充效果

图 10 – 11　描边设置

（5）在原选区基础上，使用椭圆选框工具进行减选，如图 10 – 12 所示。

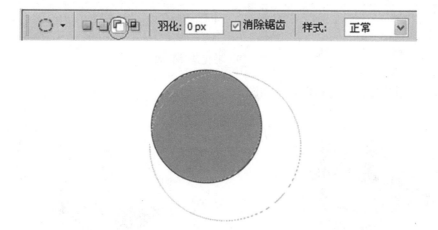

图 10 – 12　减选效果图

（6）选择"编辑"→"填充"命令打开"填充"对话框，设置背景色，填充，如图 10 –
13 所示(填充背景色快捷键：Ctrl + Delete)。

图 10 – 13　加背景色的填充效果

图 10 – 14　眼睛制作效果

(7)利用椭圆选框工具和填充颜色，绘制眼睛，如图 10 - 14 所示。

(8)先画一圆选区用来绘制嘴，如图 10 - 15 所示。

图 10 - 15　画一圆选区用来绘制嘴　　图 10 - 16　嘴巴减选效果图　　图 10 - 17　嘴制作效果图

(9)再用另一个圆选区进行相减，做法同上，效果如图 10 - 16 所示。

(10)绘制嘴，也同样用选取相减的方法制作，效果如图 10 - 17 所示。

(11)绘制腮红，做一选区，进行羽化，如图 10 - 18 所示。

图 10 - 18　羽化选择界面

(12)绘制阴影，最终制作效果如图 10 - 19 所示。

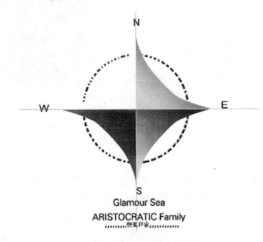

图 10 - 19　最终效果图　　　　　图 10 - 20　地产标志图

10.6.8　Photoshop 中钢笔工具、渐变工具、文字工具的使用

练习7　制作如图 10 - 20 所示的地产标志。

操作思路：

(1)新建一个文件，参数设置如图 10 - 21 所示。

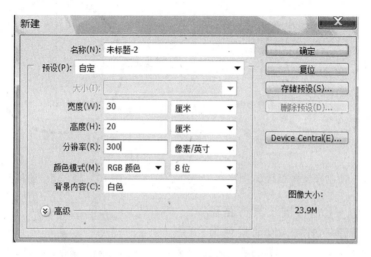

图 10 - 21　新建对话框参数设置

(2)新建一个图层，按快捷键"Ctrl + R"打开标尺，画出辅助线，选择椭圆工具，按"Alt + Shift"键的同时，从辅助线交点拉出正圆形，如图 10 - 22 所示。

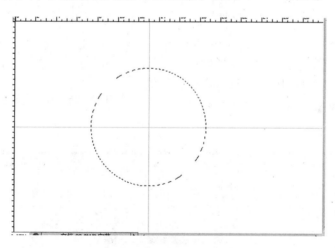

图 10 - 22　辅助线绘制图

(3)"编辑/描边"，设置描边大小为 20 像素，黑色，位置为内部，用橡皮擦工具擦出如图 10 - 23 所示效果。

(4)新建图层，选择钢笔工具" "，绘制如图 10 - 24 所示的闭合路径。

信息技术应用实训教程

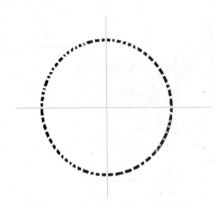

图 10-23　使用橡皮擦工具效果图

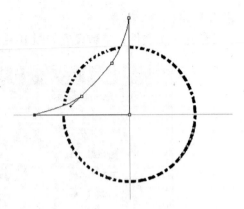

图 10-24　闭合路径图

（5）按"Ctrl + Enter"键工具将路径转化为选区，新建一图层，设前景色为 RGB（26/83/102），按"Alt + Delete"键将选区填充为前景色，效果如图 10-25 所示。

（6）单击图层调板下方的"添加图层样式"按钮"*fx*"，选择"渐变叠加"命令，设置渐变编辑器第一个色标 RGB（196/215/229），第二个色标 RGB（67/114/134），第三个色标 RGB（6/31/51），其他渐变参数设置如图 10-26 所示，设置效果如图 10-27 所示。

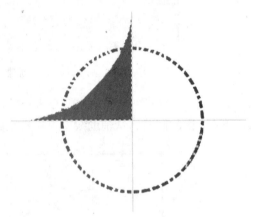

图 10-25　前景色设置图

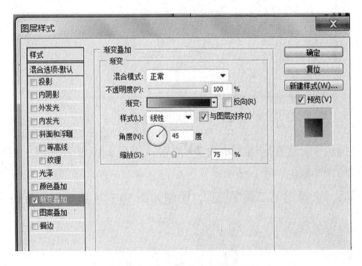

图 10-26　渐变参数设置图

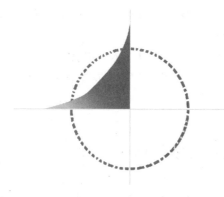

图 10 - 27　渐变设置效果图

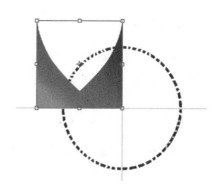

图 10 - 28　复制图形图层效果

（7）按"Ctrl + J"键复制图形图层，按"Ctrl + T"键开启自由变换，右击鼠标，选择水平翻转，如图 10 - 28 所示。按"Shift"键的同时将图形副本移到右边，效果如图 10 - 29 所示。

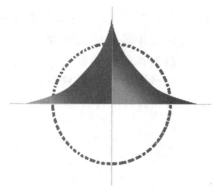

图 10 - 29　图形副本调整效果图

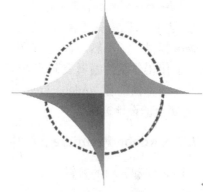

图 10 - 30　图形位置调整图（一）

（8）选择左边的渐变形状为当前图层，图 10 - 30 所示。

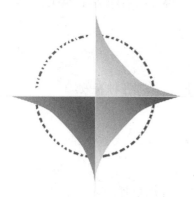

图 10 - 31　图形位置调整图（二）

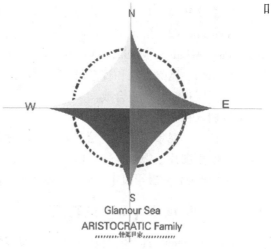

图 10 - 32　最终效果图

（9）选择右边的渐变形状为当前图层，用同样的方法，垂直旋转，前移到下方，如图 10 - 31 所示。

（10）输入文字。选择横排文字工具，输入字母 W、S、E、N，黑体，W 的 RGB（255，0，0），其余字为黑色。选择合适的字体，在下方输入文字。最终效果如图 10 - 32 所示。

10.7　实训二：使用 Premiere 进行数字视频处理

多媒体创作的前期工作就是要进行各种媒体素材的采集、设计、制作、加工、处理，完成素材的准备。在这些工作中，对于数字视频的处理，我们一般选择 Adobe Premiere 这个工具。

10.7.1　Adobe Premiere 介绍

Adobe Premiere 融视频和音频处理为一体，功能十分强大，无论对于专业人士还是新手都是一个非常有用的工具。对于有过电影和视频制作经验的人士而言，Adobe Premiere 提供了一个熟悉而且方便的编辑环境；对于没有编辑经验的人来说，Adobe Premiere 使得非线性编辑变得简单实用。在所有的非线性交互式编辑软件中，Adobe Premiere 堪称佼佼者，Adobe Premiere 首创的时间线编辑和剪辑项目管理等概念，已经成为事实上的设计标准。

10.7.2　Adobe Premiere 的功能

（1）视频和音频的剪辑。

（2）字幕叠加：叠加透明图片，如 PSD、自带字幕软件、可外挂字幕插件。

（3）音频、视频同步：调整音频、视频不同步的问题。

（4）格式转换：几乎可以处理任何格式，包括对 DV，HDV，Sony XDCAM，XDCAM EX，Panasonic P2 和 AVCHD 的原生支持。支持导入和导出 FLV，F4V，MPEG-2，QuickTime，Windows Media，AVI，BWF，AIFF，JPEG，PNG，PSD，TIFF 等等。

（5）添加、删除音频和视频（配音或画面）。

（6）多层视频、音频合成。

（7）加入视频转场特效。

（8）音频、视频的修整：给音频、视频做各种调整，添加各种特效。

（9）使用图片、视频片段做电影。

（10）导入数字摄影机中的影音段进行编辑。

10.7.3　Adobe Premiere 的特点

Adobe Premiere 具有实时功能强大、兼容性广泛、界面更加专业、工具进一步专业化和功能进一步增多等特点。

10.7.4 Adobe Premiere 的典型案例制作

利用几个现有素材，制作一个"小孩骑车"的视频短片。

步骤 1　新建项目"电影一"

创建一个项目是开始整个影片后期制作流程的第一步，用户只有按照影片制作需要配置好项目设置，并根据用户电脑的硬件情况，对软件的工作参数进行设置之后再导入素材，开始编辑工作。

（1）启动 Adobe Premiere 后进入欢迎界面，可以新建或打开项目，或退出 Adobe Premiere，如图 10-33 所示。

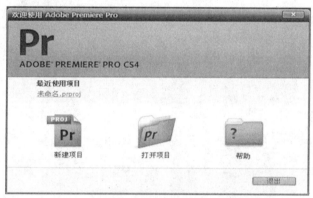

图 10-33　欢迎界面

（2）选择"新建项目"，打开如图 10-34 所示的"新建项目"对话框，在"常规"页签中的"视频"栏里的"显示格式"设置为"时间码"，"音频"栏里的"显示格式"设置为"音

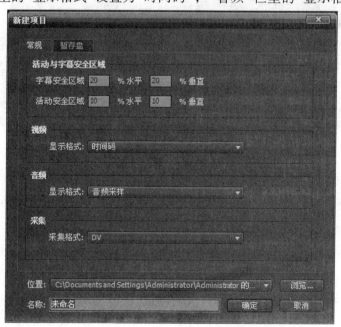

图 10-34　新建项目对话框

频采样"，"采集"栏里的"采集格式"设置为"DV"。在"位置"栏里，设置项目保存的盘符（如 D：\ ）和文件夹名，在"名称"栏里填写制作的影片片名"电影一"。在"暂存盘"页签中，保持默认状态。

（3）点击"确定"按钮后，弹出"新建序列"对话框，如图 10 - 35 所示，在"序列预置"页签的"有效预置"项目组里，点击"DV - PAL"文件夹前的小三角辗转按钮，选择"标准 48kHz"（如果制作宽屏电视节目，则选择"宽银幕 48kHz"），"常规"页签和"轨道"页签为默认状态，最后在"序列名称"文本框填写序列名称。

图 10 - 35　"新建序列"对话框

如图 10 - 36 所示，在"常规"页签中，"编辑模式"设置为"DV PAL"，"时间基准"设置为"25.00 帧/秒"，"视频"的"画面大小"默认为"720"，"水平 576""垂直 4：3"（宽银幕则为 16：9），"像素纵横比"设置为"DI/DV PAL（1.0940）"（宽银幕则为"DI/DV PAL 宽银幕 16 ：9（1.4587）"），"场"设置为"上场优先"，"显示格式"设置为"25fps 时间码"。音频的"采样率"为"48000Hz"，"显示格式"为"音频采样"。视频预览的"预览文件格式"为"Microsoft AVI DV PAL"。

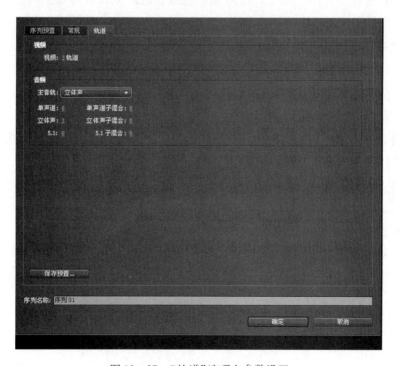

图 10 – 36 "常规"选项卡参数设置

如图 10 – 37 所示，在"轨道"页签中，默认"视频"为"3"轨道，"音频""立体声"也是"3"。

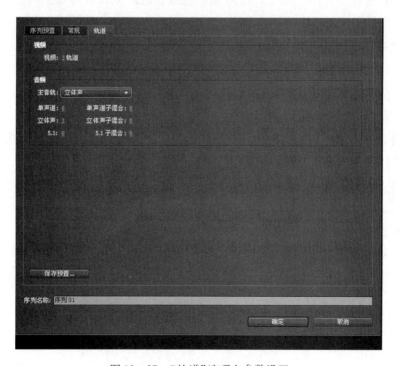

图 10 – 37 "轨道"选项卡参数设置

（4）单击"确定"按钮后，就进入了 Adobe Premiere 非线性编辑工作界面，见图10－38。

图 10－38　非线性编辑工作界面

"项目"窗口里可以导入各种素材，预览素材以及提供视频音频的特效和转场；

"监视器"窗口分为两个部分，左边是预览素材的区域，右边是实时预览结果的区域，另外还提供了控制各种特效的功能；

"工具栏"窗口提供了常用的各种工具；

"时间线"窗口分为两部分，即视频时间线和音频时间线；

"信息"窗口用来显示素材的信息，"历史"窗口用来撤销或重新操作。

步骤2　设置工作系统参数

在使用 Premiere 软件编辑之前，用户需要对该软件本身的一些重要参数进行设置，以便软件工作时处于最佳状态。

1．打开参数对话框

在 Premiere 工作界面的菜单栏里，执行"编辑/参数/常规…"命令，弹出"参数"对话框，如图 10－39 所示。

图 10 – 39　"参数"对话框

2. 常规设置

在"参数"对话框的"常规"选项中，可以修改"视频切换默认持续时间"为"30"帧，音频切换和静帧图像"默认持续时间"分别为"1.00"秒和"100"帧。其余的栏里均为默认设置。

3. 自动保存设置

在编辑的过程中，系统会根据用户的设置，自动对已编辑的内容进行保存。自动保存的时间间隔不能过短，以免造成系统占用过多的时间进行存盘工作。

点击"自动保存"选项，如图 10 – 40 所示，在"自动保存间隔"栏里修改为"20"分钟，在"最多项目保存数量"栏里，用户可以根据硬盘空间的大小来确定项目数量，一般为"5"。空间大可以适当增加项目数量。

4. 采集设置

点击"采集"选项，一定要选中"丢帧时中断采集"前的复选框。这样在采集素材时如果出现大量帧丢失，系统会自动中断当前的采集，并提示用户错误信息。

5. 媒体设置

Premiere 工作所需要的媒体高速缓存文件硬盘空间较大，用户应尽量将其设置在磁盘空间较大的位置。

如图 10 – 41 所示，点击"媒体"选项，在"媒体高速缓存文件"栏里，点击"浏览…"按钮，在弹出的"浏览文件夹"对话框中，选择缓存文件所要保存的"位置"（硬盘文件夹）。"媒体高速缓存数据库"栏里也设置"位置"在同样的硬盘文件夹。在"不确定的媒体时间基准"栏里，选择"25.00fps"，其余为默认状态。

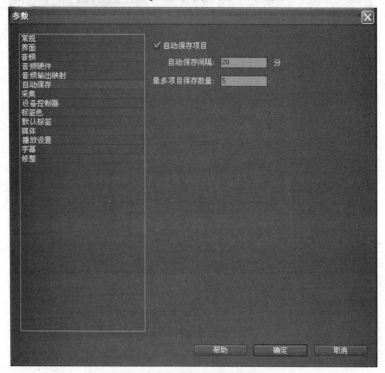

图 10-40　自动保存选项参数设置

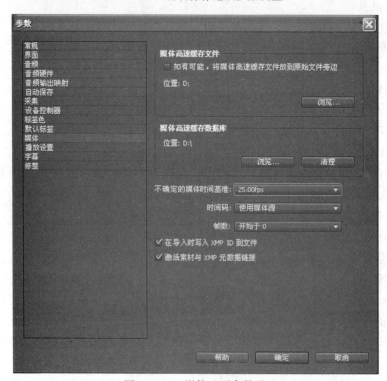

图 10-41　媒体选项参数设置

步骤 3 导入素材

在编辑影片前，要准备好影片所需要的各种数据文件素材，包括 DV 拍摄的视频素材、图片、图形文件、MP3 等音频文件、VCD、DVD 影片文件素材、光盘或 U 盘里的素材等，将其分门别类存入到电脑硬盘中，然后再导入到 Premiere Pro CS4 的项目窗口里。

（1）打开"导入"对话框，导入素材。导入素材必须先打开"导入"对话框，其方法有四种：

一是执行菜单"文件/导入…"命令；

二是在项目窗口空白处双击鼠标左键；

三是在项目窗口空白处点击鼠标右键，执行"导入…"命令；

四是按"Ctrl + I"键，弹出"导入"对话框。

（2）然后在电脑硬盘中找到编辑影片所需要的素材文件，选中后点击"打开"按钮（或者直接双击该素材文件），该素材会自动导入到项目窗口中。也可以将素材文件选中后直接拖到项目窗口里释放。如果多个素材在一个文件夹中，可以选择这个文件夹，将其直接导入到项目窗口。

选择"素材"文件夹中的"Boys. avi"视频，将其导入进来。

步骤 4 制作倒计时片头

（1）鼠标点击菜单"文件"→"新建"→"通用倒计时片头"，在弹出的"新建通用倒计时片头"窗口中进行视频设置和音频设置，如图 10 – 42 所示。

图 10 – 42 "新建通用倒计时片头"设置

（2）在弹出的"通用倒计时片头设置"窗口中，设置"视频"选项的各项颜色值，如图 10 – 43 所示。

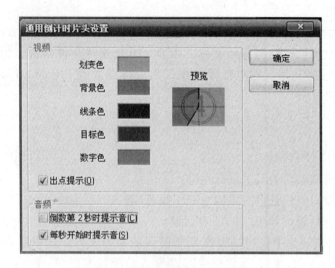

图 10-43　"视频"选项卡的颜色值设置

（3）建立字幕。鼠标点击"文件"→"新建"→"字幕"，弹出"新建字幕"窗口，如图 10-44 所示，进行视频设置。如果是中文字幕，注意中文字体的选择，最后将制作好的字幕保存。

图 10-44　"新建字幕"对话框

（4）确定之后，在弹出的"字幕设计"窗口设计字幕，如图 10-45 所示，如果是中文字幕，注意中文字体的选择。

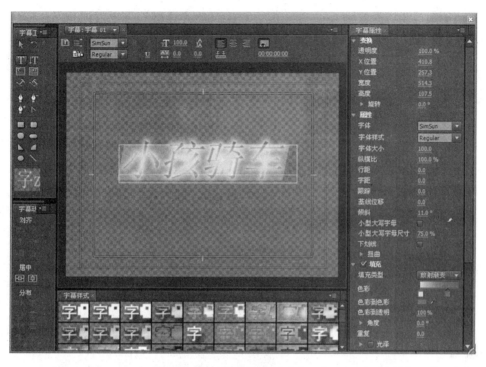

图 10－45　字幕设计窗口

步骤 5　编辑影片

　　完成了素材的准备工作后，就可以开始正式的编辑工作了。影片的编辑需要在时间线窗口中完成。用户可以对素材进行剪裁，然后将剪裁好的素材添加至时间线窗口相应的轨道中进行组接。

　　将视频素材和音频素材分别放到视频轨道和音频轨道。可以直接在"项目"窗口中选择素材，然后按住鼠标左键将资源拖动到"时间线"窗口的相关轨道上。插入到轨道上的素材可以利用鼠标拖动进行换轨，如图 10－46 所示。

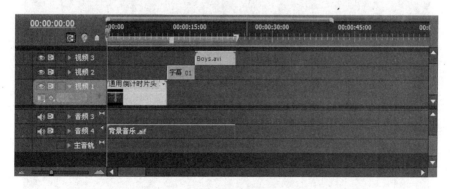

图 10－46　拖动素材到时间线窗口

步骤6　添加视频切换效果

（1）设置转场效果。首先设置字幕的转场效果。鼠标点击"项目"窗口中的"特效"选项，展开"视频转换"，选择转换效果，按住鼠标左键并拖动到所需轨道中字幕素材的头部（然后可以在监视器窗口查看效果），如图 10－47 所示。

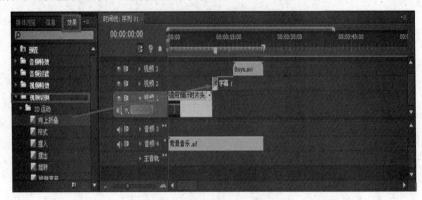

图 10－47　设置转场效果

用同样的方法，可以添加字幕的"切出"效果，也可以为其他视频段之间设置转场效果。

（2）调节视频素材显示比例。导入的素材并没有全屏显示，若需要全屏显示，需要调节其大小。当然，可以调整到任何比例，并非必须调节到全屏。

首先在轨道上选择需要进行调节的视频素材，然后在"监视器"窗口中选择"特效控制"选项，展开"运动"属性，可以通过设置各项参数来进行调整，也可以通过"时间线"使用鼠标拖动来设置，如图 10－48 所示。

图 10－48　调节视频素材显示比例界面

同样的方法设置其他视频素材的显示比例。

（3）设置视频特效。对某些视频素材可设置视频特效。比如，对"Boys. avi"视频的黑白颜色不满意，可以利用"视频特效"下的"图像控制/颜色平衡（RGB）"进行调节。方法是选择相应的视频特效，利用鼠标拖动到"监视器"窗口的"特效控制"中，然后设置其相关参数，如图 10 - 49 所示。

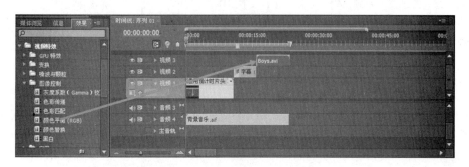

图 10 - 49　设置视频特效

（4）加入背景音乐。加入背景音乐的方法和加入其他素材的方法一样。但在加入之前，可以对该背景音乐进行适当剪辑（根据需要进行，如果没有需要，可以不剪辑，这里只是为了学习相关功能和方法）。剪辑的方法如下：

双击"项目"窗口中需要剪辑的音频，该音频出现在"监视器"窗口的左边源素材监视窗口中，如图 10 - 50 所示。利用设置"入点"和"出点"，将所选中的音频段"插入"或"覆盖"到音轨上。也可以直接利用鼠标将所选资源拖到音轨中。可以重复选择，完成所需的音频剪辑。

图 10 - 50　加入背景音乐

将音频剪辑插入音轨后，可以在每段音乐之间使用音频转场特效。

（5）制作片尾字幕（和片头字幕的方法一样），插入到视频轨道上，加入转场特效。

（6）预览、输出。注意选择输出范围、输出格式的选择与参数的设定。

参考文献

[1] 罗先文. 信息技术基础与应用[M]. 北京: 清华大学出版社, 2014.

[2] 李绍稳. 大学信息技术基础[M]. 北京: 清华大学出版社, 2009.

[3] 崔发周. 信息技术应用基础[M]. 北京: 清华大学出版社, 2012.

[4] 陈淑鑫. 信息技术基础[M]. 北京: 清华大学出版社, 2013.

[5] 赖利君. Access2010 数据库基础与应用[M]. 北京: 人民邮电出版社, 2013.

[6] 钟世芬, 蒋明礼. 计算机与信息技术应用基础[M]. 北京: 清华大学出版社, 2010.

[7] 陶进, 杨利润. 信息技术应用基础[M]. 北京: 清华大学出版社, 2010.

[8] 陶进, 杨利润. 信息技术应用基础教程[M]. 北京: 清华大学出版社, 2008.